千兆城市系列丛书

千兆筑基

千兆城市建设实践精编

张 英◎主编

黄舍予 李少晖 刘 彤◎副主编

人民邮电出版社

北 京

图书在版编目（CIP）数据

千兆筑基 ：千兆城市建设实践精编 / 张英主编. --
北京 ：人民邮电出版社，2023.3
（千兆城市系列丛书）
ISBN 978-7-115-60642-6

Ⅰ．①千… Ⅱ．①张… Ⅲ．①光纤网－城市建设－研
究－中国 Ⅳ．①TN929.11②F299.21

中国版本图书馆CIP数据核字(2022)第237001号

内 容 提 要

建设"千兆城市"是推进"双千兆"网络发展的重要工作。为了深入贯彻落实党中央、 国务院关于加快"双千兆"网络建设的部署要求，我国于 2022 年 1 月发布首批 29 个"千兆城市"建设成果。这 29 个城市在网络能力、用户水平和应用创新等方面取得了良好的发展成果，整体建设成效突出，示范作用明显。本书从持续加强网络建设和能力覆盖，深化"双千兆"网络创新应用及持续营造良好的发展政策环境等方面着重介绍，推进我国千兆城市建设。本书对从事相关工作的读者具有参考价值。

◆ 主　　编　张　英

　　副 主 编　黄舍予　李少晖　刘　彤

　　责任编辑　王建军

　　责任印制　马振武

◆ 人民邮电出版社出版发行　　北京市丰台区成寿寺路 11 号

　　邮编　100164　　电子邮件　315@ptpress.com.cn

　　网址　https://www.ptpress.com.cn

　　涿州市京南印刷厂印刷

◆ 开本：720×960　　1/16

　　印张：16.25　　　　　　　　　　2023 年 3 月第 1 版

　　字数：193 千字　　　　　　　　2023 年 3 月河北第 1 次印刷

定价：99.00 元

读者服务热线：(010)81055493　印装质量热线：(010)81055316
反盗版热线：(010)81055315
广告经营许可证：京东市监广登字 20170147 号

编 委 会

主　编　张　英

副主编　黄舍予　李少晖　刘　彤

编　委　方正梁　王泽珏　胡志杰

　　　　朱艳宏　朱鹏飞

推荐序1

2018 年的一天，我在工业和信息化部信息通信发展司的办公室与网络处的谢全处长展望未来工作重点，当时的 5G 已完成基本测试且具备商用条件，光纤已铺设至全国 99% 以上的行政村。可以说，中国的网络建设上了一个新台阶。这让我们对未来有着无比美好的展望：5G 速率可以达到千兆以上，光纤网络入户是不是也可以达到千兆以上呢？

回顾固定通信发展历程，我国从"十兆时代""百兆时代"，迈入以 10G-PON 光纤接入技术为基础的千兆接入时代。在创新业务和技术发展双轮驱动下，一个万物感知、万物联接、万物智能的智能社会即将到来。与前几代固定接入技术相比，光纤网络在带宽、用户体验和连接容量 3 个方面均有飞跃式发展。这些变化将推动光纤网络突破传统的产业边际，更多地连接万物：包括家庭的每一个房间、每一栋办公楼宇、每一台工业设备等，以前所未有的方式推动社会运行。千兆网络的覆盖将带动上下游产业相互融合，释放产业巨大潜力的同时进而影响经济发展、改变人们的生产生活方式。我们有理由相信，随着商业场景、产业生态、千兆网络的三大支柱就绪，千兆宽带网络将会带来接入网层面的深刻变革，催生出更多的商业应用场景，从而开创出充满机会的新时代。

4 年过去了，我很高兴地看到工业和信息化部从 2021 年开始，把"双千兆"作为一项重点工作在全国推广开来，这几年推广的成效显著，各个城市都取得了很好的效果。目前的网络基础，无论是在速率上、普及率上，还是在使用水平上都达到世界的最高水平。

"双千兆"，这个神圣且重要的指标，我国能把其作为普及的指标，是通信人的骄傲，也是向百姓庄严的承诺。希望本书的出版能够让读者了解"千兆城市"的经验与做法，同时为后续业务发展和商业应用奠定基础。

中国通信标准化协会理事长　闻库

千兆筑基 千兆城市建设实践精编

推荐序2

当前，以信息通信技术为主要驱动的新一轮科技革命和产业变革正在加速推进，数字化浪潮席卷全球，全球技术产业体系、世界经济发展方式和国际战略竞争格局正在发生深刻变化。在信息通信技术创新推动下，信息基础设施持续迭代升级，成为支撑数字经济发展和经济社会数字化转型的战略基石。千兆光网和5G构成的"双千兆"网络，既是宽带网络演进发展的主要方向，也是新型基础设施的重要组成和承载底座。加快推进"双千兆"网络发展，对于促进我国经济社会高质量发展，构建新发展格局具有重要意义。

城市是推进"双千兆"网络发展和创新应用实施落地的关键一环。2021年3月，工业和信息化部出台了《双千兆网络协同发展行动计划（2021—2023年）》，明确"千兆城市"建设标准，加快推进"千兆城市"建设，统筹发挥城市的资源汇聚作用和市场主体的创新驱动作用，以评价指标为导向，引导各地5G和千兆光网发展方向，强化示范带动作用，形成重点城市带动、各城市竞相发展的格局。

"千兆城市"建设工作开展以来，各地方大力推动"双千兆"网络建设、应用创新和产业发展，涌现出一批优秀做法和良好经验。《千兆筑基：千兆城市建设实践精编》对我国"千兆城市"的建设实践进行了汇总和精编，有助于读者全面、系统、深入地了解千兆城市的创新成果及发展趋势，从中汲取成功的发展经验，推进加快形成"双千兆"网络发展的良好格局。希望"政、产、学、研、用"各界齐心协力，凝聚智慧，不断推进千兆城市建设迈上新的台阶，推动"双千兆"网络发展取得更大成绩，全面助力制造强国、网络强国和数字中国高质量发展！

中国信息通信研究院院长　余晓晖

千兆筑基 千兆城市建设实践精编

前言

随着经济社会加快数字化转型，以 5G、千兆光网为代表的"双千兆"网络正在成为支撑城市数字化转型的重要底座。

我国高度重视"双千兆"网络建设。国家"十四五"规划明确指出，要"加快 5G 网络规模化部署，用户普及率提高到 56%，推广升级千兆光纤网络"。为了落实国家"十四五"规划部署，推进"双千兆"网络建设互促、应用优势互补、创新业务融合，进一步发挥"双千兆"网络在拉动有效投资、促进信息消费和助力制造业数字化转型等方面的重要作用，加快推动构建新发展格局，2021 年 3 月，工业和信息化部正式发布《"双千兆"网络协同发展行动计划（2021—2023 年)》（以下简称《行动计划》）。

《行动计划》提出了一系列发展目标，其中特别明确了"2021 年建成 20 个以上千兆城市""2023 年建成 100 个千兆城市"的发展目标，并明确了千兆城市评价指标，即主要从城市 5G 和千兆光网的网络供给能力、用户发展状况和应用创新水平三大方面进行评价。

第一，在衡量城市"双千兆"网络能力方面。《行动计划》提出了千兆光网覆盖率、10G-PON 端口占比、重点场所 5G 网络通达率和每万人拥有 5G 基站数 4 项量化指标，着力推进城市"双千兆"网络基础设施能力提升。其中，城市家庭千兆光纤网络覆盖是指具备用户普遍千兆接入能力的 10G-PON 端口能力情况，覆盖的家庭数量按照基础电信企业光分配网络情况进行核算。

城市10G-PON端口占比是指10G-PON端口在所有光接入PON端口中的占比，可以体现城市10G-PON的升级改造深度。重点场所5G网络通达是指有5G网络信号的重点场所，更好地满足广大用户5G使用需求。每万人拥有5G基站数是指城市每万人平均拥有的5G基站数量，可以客观反映不同规模城市5G网络对用户的覆盖程度和服务能力。

第二，在衡量城市"双千兆"用户推广方面。《行动计划》提出了500Mbit/s及以上用户占比和5G用户占比两项量化指标，评价高速宽带和5G用户发展水平，促进用户向高速带宽迁移，形成网络建设和用户发展互相促进的良性循环。其中，500Mbit/s及以上用户占比指城市500Mbit/s及以上用户占所有固定宽带用户的比例，主要考虑到用户开通500Mbit/s业务时，运营商网络侧实际上已经具备了千兆的接入能力，在推进过程中，既要推进网络能力向千兆升级，带动高速宽带用户的发展，又要考虑千兆业务应用的发展节奏，按照"循序渐进"的原则，引导用户逐步按需向千兆迁移。5G用户占比是指5G用户占所有移动宽带用户的比例，可以体现城市5G用户的发展水平，衡量5G网络的使用情况。

第三，在衡量城市"双千兆"协同部署的典型应用方面。《行动计划》设立了"双千兆"应用创新指标，推动城市在垂直行业形成"双千兆"网络协同的典型应用，具备示范和推广效应，从而不断地丰富"双千兆"应用类型和场景，赋能各地经济社会发展。

基于上述标准，2021年12月，包括北京、天津、上海、济南、青岛、日照、南京、无锡、常州、苏州、杭州、宁波、武汉、广州、深圳、南昌、九江、上饶、长沙、成都、泸州、绵阳、眉山、西安、柳州、桂林、百色、呼和浩特、西宁在内的29个城市获评"千兆城市"，受到全社会的高度关注。

为了更好地展现我国首批"千兆城市"的推进历程和建设成果，工业和

千兆筑基 千兆城市建设实践精编

002

信息化部新闻宣传中心、中国信息通信研究院联合编写了《千兆筑基：千兆城市建设实践精编》一书，深入挖掘 29 个千兆城市的建设经验、应用成果，让全国读者全面了解"千兆城市"究竟是什么？"千兆城市"究竟能够带来什么？该书旨在通过全面梳理千兆光网的技术经济特征，剖析千兆光网赋能产业发展、推动经济社会结构性变迁的路径和机理。本书的内容来自首批 29 个千兆城市的实践，展示了城市的资源汇聚和融会贯通作用，展示了千兆城市评价标准，对推进区域内千兆光网建设有着启示性意义。

前言

目录

千兆筑基

千兆城市建设实践精编

千兆城市-北京

　　北京，简称"京"，是中华人民共和国的首都，是全国的政治中心、文化中心，是世界著名古都和现代化国际城市。北京位于北纬 39 度 56 分、东经 116 度 20 分，地处华北平原的北部，东面与天津市毗连，其余均与河北省相邻，总面积为 16410 平方千米。截至 2021 年年末，北京市常住人口达到 2188.6 万人。

　　2021 年，北京实现生产总值 40269.6 亿元，按不变价格计算，比 2020 年增长 8.5%。全年进出口总值 30438.4 亿元，比 2020 年增长 30.6%。全年实现数字经济增加值 16251.9 亿元，比 2020 年增长 13.1%，占全市地区生产总值的比重为 40.4%。全年高技术产业实现增加值 10866.9 亿元，按现价计算，比 2020 年增长 14.2%。全年高技术制造业完成固定资产投资比 2020 年增长 99.6%，占制造业投资的比重为 72.1%，比 2020 年提高 11.3 个百分点。全年全市居民人均可支配收入为 75002 元，比 2020 年增长 8.0%。全年全市居民人均消费支出为 43640 元，比 2020 年增长 12.2%。

一、发展概述

一直以来，北京市深入贯彻落实习近平总书记关于新基建发展的重要指示精神，充分发挥有为政府和有效市场作用，紧紧围绕首都城市战略定位，更好地履行"四个服务"职责，高起点谋划，高标准定位，高效率落实，全力推进"双千兆"基础设施建设工作。

北京市把握新一轮科技革命和产业变革大势，丰富 5G 融合应用场景，加快北京市经济社会数字化、网络化、智能化转型升级，打造 5G 和千兆宽带高品质网络服务、应用服务、管理服务，更好地满足首都人民对高品质美好生活的向往，将北京市打造成网络质量领先、服务体验优良、赋能升级显著的全国"双千兆"标杆城市。

二、建设经验

在推进"千兆城市"建设及"双千兆"协同发展上，北京市主要从以下 5 个方面开展工作。

一是以机构政策为依托。 2019 年 4 月，北京市政府办公厅印发了《关于加快推进 5G 基础设施建设的工作方案》(以下简称《工作方案》)，建立了 5G 基础设施建设联席会议制度，联席会议办公室设在北京市通信管理局，负责统筹协调重点、难点问题，推动各项任务顺利完成。联席会议由主管副市长任召集人，北京市政府分管副秘书长、北京市通信管理局局长和北京市经济和信息化局局长任副召集人。《工作方案》明确了北京市 5G 基础设施的建设原则、目标、11 项主要任务和保障措施，为北京市 5G 基础设施建设提供了顶层设计。在技术应用方面，北京市先后发布《北京市 5G 产业发展行动方案（2019年—2022年）》和《中共北京市委 北京市人民政府关于加快培育壮大新业态新模式促进北京经济高质量发展的若干意见》等专项支持、系统性支持（新基建、数字经济、智慧城市）和协同支持（卫星网络、北斗技术、智能网联汽车）文件，充分发挥北京医疗、教育、文旅方面的资源优势，初步布局了一批示范性强、商业模式清晰的5G应用标杆项目。

二是以规划标准为保障。北京市规划和自然委员会、北京市通信管理局共同编制了《北京市5G及未来基础设施专项规划（2019年—2035年）》和北京市地方标准《建筑物通信基站基础设施设计规范》（DB11/T 1607—2018）。北京市城市管理委员会和北京市通信管理局共同印发了《关于做好5G基站电力供应服务工作的通知》。北京各区政府都出台了5G基础设施建设支持文件或建立了工作推进机制。这一系列举措为推进5G基础设施建设打下了良好的基础。

三是以重点场所和典型应用为引领。在自动驾驶、健康医疗、工业互联网、智慧城市、超高清视频五大应用场景与北京城市副中心、北京大兴国际机场、2022年北京冬奥会、长安街沿线升级改造项目等重大工程统筹布局，推动首都功能核心区、城市副中心、重要功能区、重要场所的5G网络覆盖，为北京市5G产业发展及应用提供网络支撑。

四是以共建共享为抓手。通信行业作为5G基础设施建设的主力军，在建设过程中汇聚行业力量，坚持问题导向，勇于攻坚克难，全力推动5G基础设施建设任务落地。一方面，充分发挥北京铁塔公司资源的统筹和共享优势，加强5G基站站址的统筹规划，开展现有基站的资源整合，分区域、分类别地开展工作；另一方面，各基础运营企业积极发挥主观能动性，主动探索挖掘潜能，充分利用原有站址开展5G基础设施建设工作；北京联通和北京电信利用同一天面设备承载两家5G网络业务。一系列举措的实施，减少了重复建设，节约了建设投资，提高了工作效率，保证了工作质量。

五是大力加强千兆固网接入能力。北京市积极促进宽带网络升级改造，推进千兆固网接入网络建设，构建大容量、多业务承载、网络智能化的光传送平台，聚焦 1000M 接入能力，优化宽带城域网，提升传输水平，满足通信访问需求，实现北京市千兆宽带覆盖能力。

三、成果成效

在工业和信息化部、北京市政府的政策支持下，在通信行业的共同努力下，北京市在"双千兆"网络发展方面成效显著。

截至 2022 年 5 月，北京市已累计建成 5G 基站 5.6 万个，每万人拥有 5G 基站数超 25.8 个，位居全国首位。已实现五环路内 5G 信号连续覆盖，五环外重点地区 5G 网络精准覆盖，行政村以上地区 5G 网络覆盖率达 100%。北京市累计部署 10G-PON 端口 30.1 万个，城市地区 10G-PON 端口占比超 27%，全市范围内具备千兆光纤接入能力。

同时，"双千兆"用户发展态势稳中向好。截至 2022 年 5 月，北京市 5G 移动电话用户超 1130.2 万户，城市地区 500Mbit/s 及以上固定宽带接入用户超 222.3 万户，约占固定宽带用户总数的 26.4%，"双千兆"用户占比逐年提升。

在 5G+工业互联网方面，北京市已成为全国工业互联网发展高地，网络、安全、平台三大产业体系成果显著，为 5G+工业互联网创新应用奠定坚实基础。2021 年，北京市不断加快工业企业智能化转型升级进程，并在工业互联网领域积极开展了 5G+工业视觉、5G+远程操控、5G+

AGV[1]、5G+数据采集、5G+视频监控、5G 机械臂等应用，例如，打造中航油"5G+智慧航油项目"，实现了覆盖全国机场的生产协同平台；北京经开区中建三局智能安保产业基地通过 5G 实现远程设备操控、设备协同作业、24 小时高清视频监控和实时信息回传；昌平三一重工智慧工厂通过 5G 智能摄像头、5G 物流小车、5G 机械臂等有效提升了产品质量与生产效率；亦庄小米"黑灯工厂"利用 5G、AI 打造实时处理海量数据的"最强大脑"，实现生产制造全程高度自动化；京东、北京奔驰、京东方、施耐德等企业已进行了智慧工厂升级，实现 5G 网络的全面覆盖和无人智能巡检系统与智能物流系统的上线，有效提高了生产效率、保障了生产安全；联合小米科技参与科学技术部研发课题，通过 5G+AIoT 结合，对 3C 行业复杂问题进行自主识别、判断、推理，并做出前瞻性、实时性的决策，真正实现柔性生产、智能制造，做到标杆级 3C 工厂示范落地。

在 5G+智慧医疗方面，北京市在新冠肺炎疫情防控、远程诊疗、医院急救等方面探索了一批应用。利用 5G 技术建成市级核酸检测信息统一平台，实现采样、传输、管理的全链条数字化监管，通过二维码绑定核酸检测结果已超 1100 万次；地坛医院、小汤山医院利用 5G 技术与武汉的相关医院进行远程会诊，通过"5G 远程 CT 协作平台"共同分析武汉患者的 CT 影像；解放军总医院完成全球首例"MR+5G"全息投影远程静脉滤器植入手术；积水潭医院利用 5G 技术完成全球首例三地骨科手术机器人的多中心远程手术，目

千兆城市－北京

---

1 AGV（Automated Guided Vehicle，自动导引车）。

前已成功与河北、西藏、浙江、山东、天津、安徽、广东等 10 余个省（自治区、直辖市）成功开展实施 100 多例 5G 骨科远程手术，同时打造积水潭 5G 智慧医院，落地移动查房、远程影像、远程病理、远程预约、远程会诊、远程医疗教学、远程手术、远程 CT 等全场景医疗应用；北京急救中心利用 5G 技术建设了 5G 智能救护车搭建智能急救信息系统，实现全流程智能急救流程分析，提升了急救质量；潞河医院已成功测试 5G 院前急救平台与交通特勤系统。此外，北京市天坛医院、协和医院、同仁医院、中日友好医院等众多三甲医院均已开展 5G+智慧医疗项目探索。

在 5G+文化旅游方面，北京市成功实施"当红齐天首钢一号熔炉 5G 云 XR 项目"，建设数十款大型 XR 交互体验项目，打造了全球第一个 XR 技术与百年工业遗存相结合的国际文化科技乐园，项目围绕 5G+XR 进行技术布局，利用 5G 边缘计算、5G 云平台、VR 交互等最新技术，将传统体育竞技与现代虚拟现实技术紧密结合，实现了科技与文化的完美融合，形成了 5G 文娱新标杆，助力首都文化旅游产业数字化转型。北京市已有半数公园与电信运营商展开合作，实现了 5G+北斗智慧游船、5G 慢直播应用、5G 高清视频、5G+AR、5G 智能游客热力图等应用，有效应对节假日大客流，优化游客体验。香山革命纪念地（旧址）、国家博物馆、故宫、环球影城、国家大剧院等重要场所正在逐步开展 5G 智能客服、智慧导览、文创商城、智慧剧院等公众服务。

四、未来规划

下一步，北京市将继续夯实"双千兆"产业发展基础。

一是坚持惠民共享。持续推进北京市人流密集、群众使用需求高的重点场所 5G 基础设施建设，不断提升 5G 和千兆宽带网络服务质量，为人民群众提供用得上、用得起、用得好的网络服务，不断增强人民群众的获得感、幸福感、安全感。

二是坚持协同推进。深化共识，凝智聚力，落实工业和信息化部等 10 部门联合印发的《5G 应用"扬帆"行动计划（2021—2023 年）》和工业和信息化部印发的《"双千兆"网络协同发展行动计划（2021—2023 年）》，合力破解 5G 建设中的难点，推动重点地区基站建设。

三是坚持融合创新。网络先行、标杆引领、分类施策、以建促用，充分发挥北京市科技、医疗、教育等资源优势，加强融合应用示范引领，探索一批新应用、新模式，打造一批 5G 融合应用创新示范高地。

四是积极落实国家"双 G 双提"任务，加快北京市千兆光纤网络能力升级。适度超前部署 10G 光纤网络能力，提升千兆业务承载能力，普及 10G 光纤网络接入设备，逐步向 50G 光纤网络及更高速接入技术演进，提升端到端网络能力和用户体验。

千兆城市-天津

天津，简称"津"，别名津沽、津门等。现辖和平、河东、河西、南开、河北、红桥、东丽、西青、津南、北辰、武清、宝坻、滨海新区、宁河、静海、蓟州 16 个区。截至 2020 年年底，天津拥有户籍人口 1130.68 万人，常住人口为 1386.6 万人，是我国直辖市之一、首批沿海开放城市，是中蒙俄经济走廊主要节点、海上丝绸之路的战略支点、"一带一路"交会点、亚欧大陆桥最近的东部起点，是中国北方十几个省区市对外交往的重要通道，也是中国北方最大的港口城市。

面对复杂严峻的外部环境、艰巨繁重的改革发展稳定任务，天津坚定不移地走高质量发展之路，以强烈的政治担当和历史主动，攻坚克难、爬坡过坎、砥砺奋进，解决了许多历史遗留问题和群众关心的问题，推进了许多固本培元、守正创新的工作，办了一些打基础、补短板、利长远的大事，推动经济社会发展产生了影响深远的重大变化，"一基地三区"功能定位更加凸显，"五个现代化天津"建设取得重大成就，如期全面建成高质量小康社会，开启了全面建设社会主义现代化大都市新征程。2021年，天津市实现地区生产总值15695.05亿元，按可比价格计算，同比增长6.6%。2021年完成一般公共预算收入2141亿元，比2020年增长11.3%。天津市居民人均可支配收入47449元，同比增长8.2%。天津市居民人均消费支出33188元，同比增长16.6%，其中人均服务性消费支出增长26.6%。

天津广播电视塔

"天津之眼"摩天轮

一、发展概述

近年来，天津市贯彻落实党中央、国务院关于加快新型基础设施建设的重要部署，在建设制造强市、网络强市的过程中积极推进 5G、"双千兆"网络协同发展，新一代网络设施建设水平显著提升，"双千兆"应用赋能倍增效应加快释放，为经济社会各领域数字化转型、智能化升级、融合创新提供了有力的支撑。

在各方的共同努力下，天津市通信基础设施基础不断夯实，通信能力提档升级。各行业数字化转型升级加快，跨行业融合应用加深。信息消费、垂直行业、社会民生等领域的深度融合应用不断发展，为制造强市、网络强市、国际消费中心城市等相关战略部署的落地提供了有力的支撑。

二、建设经验

在建设高质量"千兆城市",推动"双千兆"协同发展方面,天津市主要从以下3个方面开展工作。

一是规划政策先行,强化要素保障。天津市认真贯彻落实工业和信息化部关于加快5G、"双千兆"网络发展的一系列部署,制定和推动出台《天津市公共电信基础设施建设和保护条例》《天津市通信基础设施专项规划(2016—2030年)》《天津市建筑物移动通信基础设施建设标准》,形成法规、规划和标准的基础框架,基本搭建起通信设施建设的法律和制度基础。发布《天津市"十四五"信息通信行业发展规划》《天津市人民政府关于加快推进5G发展的实施意见》《天津市5G应用和产业发展"十四五"规划》等政策规划,实施"宽带网络'双千兆'工程"等12项重点工程,为推动5G、千兆光网建设提供明确的目标任务。天津市工业和信息化局、天津市通信管理局等6个市级部门联合印发《优化通信基站站址建设行政审批工作的通知》,明确包括"零审批""批量申请"等便利通信基站建设的5项措施。实施《天津市关于进一步支持发展智能制造的政策措施》,对5G基站建设、光纤宽带网络及5G应用场景给予资金倾斜支持。

二是加强协调联动,破解建设难题。天津市政府与中国移动、中国联通、中国铁塔等签署"十四五"战略合作协议,开展5G、光纤网络、工业互联网等重点领域的建设合作,实现经济社会和通信事业共赢发展。推动各电信运营商优化提升CDN部署,免费、免手续地将天津市所有200Mbit/s以下的光纤宽带家庭用户的宽带速率提升至200Mbit/s,惠及全市宽带用户45万户。成立市、区两级通信基础设施建设领导小组，围绕光纤入户、基站选址等问题，连续五年发布问题清单并推动解决，每年问题解决完成率均在 95% 以上，累计为企业解决各类问题 1.3 万个。累计免费开放各类公共设施 2400 处，为电信企业减少场租、电费年化成本超 2.2 亿元。在天津市部署通信网络质量监测终端，定期评价各区固定宽带网络质量，各区、各电信企业形成同频共振，共同促进网络质量提升。

三是构建融合生态，推动协同发展。天津市连续举办六届世界智能大会，打造"会展赛 + 智能体验"四位一体国际化交流平台，每年举办"5G+工业互联网"高端论坛。成立天津市 5G 发展联盟，组织召开天津市 5G+工业互联网供需对接大会、天津市"5G+安全生产"推动会等专题撮合活动，围绕"5G+工业互联网""5G+智能装备"等主题召开 4 期"2021 创想家主题沙龙"，服务各领域企业近 400 家。与中国信息通信研究院、电信企业合作，连续举办"绽放杯"5G 应用征集大赛专题赛等赛事，组织企业参加首届"光华杯"千兆光网应用创新大赛，营造支持"双千兆"协同发展的良好氛围。

三、成果成效

在有关部门的共同推动下，在各企业的持续努力下，天津市"双千兆"网络水平持续提升。

一是网络建设力度不断加大。截至 2022 年 5 月，天津市 5G 基站数达到 29208 个，家庭千兆光纤网络覆盖率达 290.91%，城市 10G-PON 端口占比 82.20%，"双千兆"网络建设速率在全国名列前茅。

二是网络覆盖质量持续提升。截至 2022 年 5 月，天津市重点场所

5G 通达率达 99.74%，每万人拥有 5G 基站 21.06 个。2021 年第四季度固定宽带、移动宽带用户下载速率分列全国第二、第三位，在全国范围内率先实现乡级（含）以上行政区 5G 覆盖率达天津市 100%，农村区域已基本实现村村通 5G。

三是电信用户结构持续优化。 截至 2022 年 5 月，500Mbit/s 及以上用户占比 40.19%，5G 用户占比 42.08%，1000Mbit/s 用户达 96.68 万户。天津市积极开展用户迁移工作，移动和固定宽带用户加速向 5G 和千兆宽带迁移，"双千兆"用户占比逐年提升。

高水平"双千兆"网络的建成，给天津市各行业数字化转型提供了有力支撑。**一是个性化应用加快渗透。**"5G+安全专网""5G+移动质检""5G+无人叉车""5G+无人机交通执法""5G+AR/MR 智慧导览"等场景在航空航天、汽车制造、石油化工、城市管理及文化旅游等行业领域不断涌现。**二是优秀案例逐年递增。** 目前有 50 个项目被评为市级 5G 应用试点示范，4 个 5G 应用项目入选工业和信息化部工业互联网试点示范。科大讯飞智慧教育、天津医科大学总医院智慧医疗、天津移动智慧港口等 5G 项目获部委专项资金支持。2021 年有 15 个优秀案例进入"绽放杯"5G 应用征集大赛总决赛，长征火箭制造、生态城智慧城市、5G V2X[1] 车路协同 3 个项目荣获全国二等奖。**三是标杆项目赋能明显。** 空客天津总装线引入 5G 技术后带来的效益显著提升，《人民日报》头版头条加以报道。海尔天津洗衣机互联工厂应用 5G、AI、大数据与先进制造技术深度融合，成功入选全球"灯塔工厂"。天津港北疆港区 C 段智能化集装箱码头打造"5G+北斗"融合创新场景，成为全球首个"智慧零碳"码头。天津 5G 应用安全创新示范中心项目成为全国首批 9 家相关领域创新示范中心之一。

1　V2X（Vehicle to X，车用无线通信技术）。

从具体案例上看，中新（天津）生态城"基于千兆光网+5G的智慧城市全场景应用项目"，创新建立"1个城市大脑+3个智慧平台+N类前沿应用"的"1+3+N"体系，从"善政""兴业""惠民"3个方面推出立体化建设方案，打造"天空地人一体化巡查体系""熊猫无人公交车""5G智慧社区"等智能应用场景，域内深入连接4700余个家庭，5G终端占比达55%，引入20余家企业参与千兆光网与5G的相关项目研发实验，带动新增400余个岗位，将"双千兆"与各类产业深度结合，全面建设高度智慧化的新型城市。

天津联通5G智慧港口项目，使用5G+MEC[1]组网方案，重点打造了5G岸桥远程控制、5G智能无人集卡、海关港区现场移动执法5G分流等6个应用场景，港口整体作业效率提升近20%，单箱能耗下降20%，减少人工60%以上，综合运营成本下降10%，荣获第四届"绽放杯"全国5G应用征集大赛标杆赛金奖，并入选工业和信息化部第二

1　MEC（Mobile-access Edge Computing，多接入边缘计算）。

批"5G+工业互联网"10个典型应用场景和5个重点行业实践，成为加快传统港口向自动化、智能化的智慧港口转型发展的示范标杆。

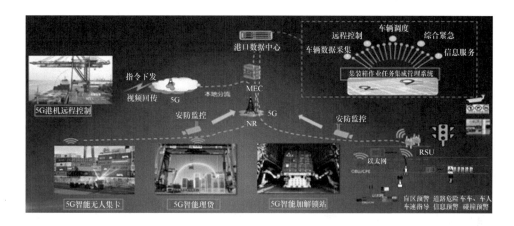

四、未来规划

下一步，天津市将高速宽带接入网络部署，深化实施千兆5G和千兆光网"双千兆"工程，建设高质量"千兆城市"。

一是建成一流双千兆精品网络。 新一代"双千兆"网络全面布局，网络架构体系不断优化，第6版互联网协议（Internet Protocol version 6，IPv6）端到端贯通能力有效提升，助力打造人工智能先锋城市，有力赋能经济社会发展。通过打造一张覆盖广泛、技术先进、供给能力和服务质量全国领先的"双千兆"精品网络，充分满足不同行业、不同场景下的差异化应用需求，为天津市各行业数字化转型、着力培育和发展数字经济提供有力支撑。

二是疏通网速提升关键环节。 天津市将改造升级现有光纤网络，打造一批"双千兆"示范小区、"双千兆"示范园区，到"十四五"末，天津市千兆光网家庭宽带普及率达40%以上。深化内容分发网络（Content Delivery Network，CDN）节点建设部署，增加CDN使用带宽，积极引进更多的互联网内容资源落地，不断提升用户上网体验，确保天津宽带网络下载速率全国领先。

三是深化"双千兆"协同应用。以"5G+工业互联网"融合发展工程为重点，探索打造5G在各个垂直行业领域的创新应用，至2025年年底，树立10个全国知名的创新应用标杆，培育百余个应用解决方案服务商，打造上千个典型应用项目。支持加快千兆光网应用场景研究和应用普及，开展面向不同应用场景和生产流程的"双千兆"协同创新，加快形成"双千兆"优势互补的应用模式，覆盖国民经济及社会生活重要领域。

千兆城市－上海

　　为深入贯彻党的十九届五中全会精神，落实《中华人民共和国国民经济和社会发展第十四个五年规划和 2035 年远景目标纲要》和 2021 年《政府工作报告》部署，上海市通信管理局全面贯彻落实国家"双千兆"建设战略，指导"双千兆"网络建设，推动"双千兆"应用推广，并取得了较好的成效。

　　上海是国务院批复确定的中国国际经济、金融、贸易、航运、科技创新中心，是 GDP 全球排名第四、国内排名第一的超级大城市。电子信息产品制造业、汽车制造业、石油化工及精细化工制造业、精品钢材制造业、成套设备制造业和生物医药制造业是上海的 6 个重点工业行业。新一代信息技术、生物、高端装备、新能源、新能源汽车、新材料等工业战略性新兴产业，占全市规模以上工业总产值的比重达 30.6%。这些行业均位居世界前列，是支撑我国大国地位重要的科技和工业保障。

上海风貌

一、发展概述

上海市通信管理局和相关政府部门指导信息通信行业在"双千兆"网络建设方面适度超前，各项指标在全国持续位列前茅。

上海市千兆光网建设起步较早，早在 2011 年，上海市通信管理局就指导上海三大基础电信企业逐步启动了光网建设计划，并开展了多轮宽带网络提速。2014 年，上海市入选"宽带中国"首批示范城市名单，标志着光纤到楼入户已经基本实现。2018 年，上海市率先完成了"千兆宽带"全市覆盖，固定互联网平均接入带宽超过 150Mbit/s，推动上海市成为全国"千兆第一城"。2021 年年末，上海住宅区和商务楼宇已全面实现光网"万兆到楼，千兆到户"。

5G 网络启动建设后，上海市成为全国唯一一个三大基础电信企业均开展 5G 网络试点的建设城市，并持续升级光网供给侧能力，各基础电信企业陆续推出了面向金融、制造等领域的低时延网络产品，进一步加速建设"双千兆"城市。2020年11月11日,在上海举办的2020年"双千兆宽带城市"发展高峰论坛上,中国信息通信研究院发布的白皮书显示,上海已实现千兆光网的全市覆盖和5G网络中心城区及郊区重点区域的连续覆盖,率先建成"双千兆"宽带城市。

二、建设经验

上海市通信管理局在工业和信息化部和上海市委、市政府的正确领导下,指导上海信息通信行业持续推进"双千兆"网络建设,积极为城市数字化全面转型升级提供强大动力,为数字经济高质量发展贡献行业力量。

"双千兆"建设亟须新的标准指引。上海市通信管理局在2021年上半年,联合临港新片区管理委员会、上海市住房和城乡建设管理委员会等相关单位编制发布了国内首部省市级的FTTR[1]指导文件《上海市住宅和商务楼宇FTTR光网络布线白皮书》和5G专网建设规范《上海市5G行业虚拟专网建设导则》。2021年9月,上海市通信管理局主编的《住宅区和住宅建筑通信配套工程技术标准(修订)》被上海市住房和城乡建设管理委员会纳入《2021年上海市工程建设规范编制/修编计划(第二批)》,增加了固移一体和FTTR内容,并优化了室内外覆盖设备的配套建设模式,有力指导了家庭、商务楼宇等场景的千兆光网接入,在新建建筑中做到"光纤全部达到、基站锚定位置"。在标准制定的过程中,充分发挥企业协会和行业协会的积极作用,委托上海市

千兆城市—上海

1　FTTR(Fiber to The Room,光纤敷设到远端节点)。

通信学会光通信专委会组建《住宅电梯随行光缆团体标准》参编起草单位团队，开展团体标准的研究和制定。

汇聚行业力量，完善优化顶层规划。上海市通信管理局牵头组织形成了《2022—2024 年上海市 5G 通信基础设施三年滚动规划》，指导五大新城各自完成信息基础设施三年规划，发布了《5G 应用"海上扬帆"行动计划（2022—2023 年）》《新型数据中心"算力浦江"行动计划（2022—2024 年）》，指导上海市通信学会成立了融合应用 5G"海上扬帆"和"算力浦江"专委会，已发展会员企业超百家。

FTTR 光网络布线白皮书发布会现场

脚踏实地，抓住城市更新的历史机遇，全面升级光纤网络。上海市通信管理局抓住"美丽家园"老旧小区通信架空线入地改造、道路架空线入地和合杆整治等契机，牵头建立行业高效推进机制，协调各基础电信企业共建、共享、共维，充分助力城市精细化管理。2015—2021 年，上海市共完成 257 个小区，合计 1184 万平方米的架空线入地；2018—2021 年，上海市共完成了 502 个路段，431.8 千米的道路架空线入地整治任务。行业通过红线内外架空线入地，进一步提升了光纤通信网络安全和接入能级。

及时总结经验、协调各方力量，共同推动"双千兆"建设。2022
年1月，上海市通信管理局会同上海市经信委，共同召开2021年上海
市信息通信行业"千兆城市"总结大会，总结创建全国"千兆城市"经验、
发布行业关键数据、宣布"双千兆"网络建设中贡献突出的企业和个人，
形成上海各区之间"比学赶帮超"的良好氛围。

2021年上海市信息通信行业"千兆城市"总结会

三、成效成果

"双千兆"网络部署和网速提升效果显著。2021年12月24日，在
工业和信息化部主办的首届"千兆城市"高峰论坛上，上海市顺利入围
全国首批"千兆城市"名单，这标志着上海"双千兆"建设和发展走在
了全国前列，全面夯实城市数字化转型底座初显成效。

根据中国宽带发展联盟发布的数据，最近几年，上海市在固定和
移动宽带可用下载速率指标方面持续排名全国第一。在千兆光网方面，

截至 2021 年年底，10G-PON 端口占比达 51.97%，全国排名第二，1000Mbit/s 及以上用户占比 15.2%，全国排名第二，500Mbit/s 及以上用户占比 30.3%，全国排名第四，较 2020 年年底增长近 20 个百分点，（固定）宽带平均接入速率达到 339.1Mbit/s，较 2020 年年底增长 100Mbit/s 以上。

在 5G 网络方面，截至 2021 年年底，5G 基站总数已超过 4.8 万个，2021 年新建 5G 基站超过 1.7 万个，5G 移动电话用户占比超过 21%，5G 基站占比 24.3%，全国排名第一，5G 基站密度达到每平方千米 7.6 个，全国排名第一，万人拥有 5G 基站数量全国领先，5G 分流比全面超过 30%，上海市成为全国第一个分流比全面突破 30% 的省（自治区、直辖市）。

2021 年 11 月长三角首个 FTTR 全光智慧家庭示范小区建成

"双千兆"应用从零星试点到示范应用。上海市几十个 5G 虚拟专网、上百个 5G 和千兆光网应用投入商用，特别是在新冠肺炎疫情防控工作中，青浦和临港方舱的 5G 虚拟专网支撑了 500 多台无人车的智能调度，提高了防疫工作效率。

应用案例 1：上海电信基于 5G 泛在接入 + 国际数据通道融合的新型工业互联网内网

上海汽车制动系统有限公司（以下简称上汽制动）是上海汽车工业（集团）总公司与德国大陆股份公司的合资企业，企业内大量设备为进口设备，改造难度巨大，受国外设备厂商掣肘，长此以往势必会导致上汽制动的市场竞争力下降，不利于企业长久发展。

基于上述现状，对上汽制动嘉定工厂进行智能化改造，实现在 5G 条件下，多设备多终端统一接入统一鉴权，打通与国际的通信壁垒，提升移动性生产设备的运行效率，在提升工厂信息化水平的同时，确保上汽制动作为合资公司，其新的 IT 架构和数据管理要求符合我国的规范和效率要求。

上汽制动基于 5G 跨域国际网建立了全连接工厂，主要功能可以概括为 1+2+5，具体包括以下内容。

1 张基于 5G 的跨域国际网络：通过电信新型跨域承载网 CN2 网络，建立一张具备良好跨域通信能力的 5G 网络，提供企业高速的跨域跨国数据传输的网络，确保跨域传输的数据安全性。

2 种不同的设备改造方式：5G 数据传输单元（Data Transfer Unit，DTU）和 5G 模组，通过两种不同模式，分别改造 AGV、工控数据采集、能源监控等设备接入 5G 网络。

5 类实际应用场景的改造方案：分别为发那科数控系统采集网关改造、AGV 车辆改造、制动卡钳生产视频监控、能源监控系统改造及移动点检系统改造，满足上汽制动生产部门、仓管部门、IT 部门的需求。

上汽制动经过改造，提升了企业在国内乃至国际市场的竞争力，预计在未来数年内，会获得超过十万张订单。

应用案例 2：上海移动基于 5G 的航空强度试验创新应用

中国飞机强度研究所与中国移动上海公司、中移（上海）产业研究院联合，搭建一张 5G 行业专网，实现了机器视觉、广物联、云和数据分析三大类 5G 应用场景，助推航空强度试验数字化升级，成为国内首个"5G+智慧航空强度试验"落地项目。

定制化搭建的 5G MEC 航空试验专网，与公众网络逻辑隔离，满足关键数据不出厂、安全性、保密性的要求。

飞机结构损伤自动巡检与智能识别。在飞机疲劳试验中，需要在加压状态下对飞机内舱表面形变、裂纹等情况进行检测。4K 超高分辨率工业相机的出现和应用，解决了检测面积和精度的问题；5G 技术的出现，解决了检测过程中海量数据需要通过几十米线缆进行传输或离线存储，不便于数据做高性能、实时性计算分析等问题，为实时移动检测提供了高质量的网络保障。

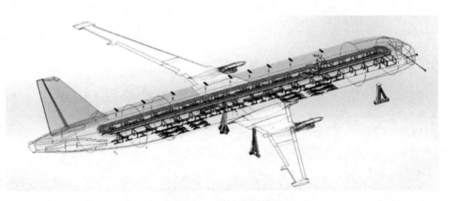

内舱巡检系统检测示意

试验全状态监控与数据融合分析。试验全状态监控场景基于 5G+4K 高清视频及视频拼接技术，对试验场内的场景进行三维建模，将重点区域的前端监控视频融合到三维模型中，以整体一张立体动图的形式对试验过程进行展示与交互，提高监控资源利用效能及管控作业综合能力。

试验全状态监控实景

同时，结合试验场日常管控、安全防控等业务需求，实现基于三维视频融合显示、关联枪球机一点即视、历史视频同步回溯、设定路线自动巡航等功能，有效提高了试验场整体综合管控能力。

试验过程数据融合分析

四、未来规划

上海市通信管理局即将发布《5G 网络能级提升"满格上海"行动计划》，计划到 2023 年，实现 5G 基站规模超过 6.5 万个，超过 4000

幢商务楼宇和重点公共建筑完成 5G 室内覆盖，上海市 5G 网络覆盖率超过 90%。重点区域平均下载速率达到 1000Mbit/s，上行速率达到 200Mbit/s，5G 用户渗透率达 70%，打造 5G 网络部署和融合应用全球标杆城市。

上海市通信管理局将进一步支撑城市精细化管理"三个美丽""五个满格"建设，2023 年完成上海市 37 家市级医院及部分人流量大、5G 应用潜力大的重点医院的 5G 网络全覆盖，上线 5G+急诊救治、远程诊断、远程治疗等典型应用。以《上海市 5G 行业虚拟专网建设导则》为指引，大力推进 5G 行业虚拟专网建设，面向车联网示范应用，推动 5G/LTE[1]–V2X 网络建设，覆盖超过 1000 千米的智能网联汽车开放测试道路。

上海市通信管理局联合上海市经济和信息化委员会印发《上海市千兆光网建设应用"光耀申城"行动计划》，计划到 2023 年，互联网宽带接入端口全面升级到 10G-PON 端口，实现全市千兆到户覆盖。大力推进 FTTR 建设应用，多部门联合加快推进 FTTR 布线标准并纳入装饰装修标准，上海市 FTTR 用户达到百万级。固定宽带平均接入带宽超过 500Mbit/s，平均下载速率超过 100Mbit/s，保持全国领先。

到 2023 年，上海市采用全光组网的 AB 级商务楼宇超过 2000 栋，园区和企业用户数超过 1000 家，在每个行业打造 1～2 个千兆工业光网标杆工厂。推动新型互联网交换中心和上海国际互联网数据专用通道建设。

到 2023 年，上海市每万人拥有光传送网络（Optical Transport

1　LTE（Long Term Evolution，长期演进技术）。

Network，OTN）站点数达到 3 个，构建全光运力网络的"高铁站、地铁口"，打造"0.2-1-3-15"的极致算力时延圈，提升全光运力网络运力能力。

上海市通信管理局将加快推动基于千兆光网的垂直应用创新。积极参加千兆光网顶级赛事和活动，支持千兆光网、"双千兆"相关主题大赛、会议、论坛和展览会在上海举办。

培育自主创新新优势，充分发挥上海人才富集、科技水平高、制造业发达、产业链供应链基础好和市场潜力大等优势，吸引千兆光网产业向上海聚集。

到 2023 年，将上海市打造成为千兆光网建设规模、用户发展、用网体验和服务水平全球领先，千兆光网深度赋能家庭、政企、算力等千行百业应用创新的标杆城市。前瞻性布局千兆光网融合基础设施标准建设，有效实现全光产业生态聚集，开启上海光联万物新时代。

千兆城市－呼和浩特

呼和浩特市总面积 1.72 万平方千米，其中建成区面积 260 平方千米，辖 5 区 4 县 1 旗，全市常住人口为 345 万人，是内蒙古自治区首府，内蒙古自治区政治、经济、文化、科教和金融中心，被誉为"中国乳都"，荣膺国家森林城市、中国优秀旅游城市、国家历史文化名城、全国民族团结进步模范城市、全国双拥模范城市等称号。

呼和浩特市先后获批国家火炬大数据特色产业基地、国家新型工业化产业示范基地（大数据）、国家级互联网骨干直联点、"千兆城市"、全国一体化算力网络国家枢纽节点。2021 年，呼和浩特市软件和信息技术企业数量达到 2200 家，年产值达 410 亿元，在内蒙古自治区排名第一；电信业务收入 46.45 亿元，位居内蒙古自治区第一；固定宽带用户 128.7 万户，移动电话用户 489 万户，分别位居内蒙古自治区第一和第二。

一、发展概述

近年来，呼和浩特市委、市政府高度重视信息化发展，出台了一系列政策措施，优化发展环境，依托产业基础优势，抢抓数字产业化、产业数字化和数字化治理发展机遇，把培育发展数字经济作为高质量发展的主攻方向，持续加强新一代信息基础设施建设，推动新兴技术与传统特色产业的融合发展，积极构建数字经济产业发展新体系。工业互联网标识解析二级节点、智慧乳业、智慧医疗、城市大脑等应用加速落地，产业数字化水平和数字治理能力显著提升，加快推动经济社会转型升级。

二、建设经验

一是规划先行，适度超前布局。先后制定印发了《呼和浩特市贯彻落实〈网络强国建设行动计划〉实施方案》《呼和浩特市关于进一步建立健全数字经济发展体制机制的实施方案》《呼和浩特市推动 5G 发展应用实施方案》《呼和浩特市落实〈内蒙古自治区数字产业化和产业数字化发展行动方案（2021—2023 年）〉》《〈呼包鄂乌智慧城市建设一体化行动方案（2021—2023 年）〉呼和浩特市重点任务落实方案》《数字呼和浩特"十四五"专项规划》《呼和浩特市推进以大数据、云计算为特色的电子信息技术产业集群高质量发展三年行动方案（2022—2024 年）》《呼和浩特市加快工业经济转型升级推动工业高质量发展十条政策措施》等一系列政策措施，明确了新型基础设施发展思路、目标、任务，加快推动"双千兆"网络协同发展。

二是东数西算，提供应用支撑。积极对接国家"东数西算"战略布局，实施"计算存储能力倍增计划"，为"双千兆"网络提供应用支撑。持续支持协助中国电信、中国移动做大做强数据计算存储能力，加快吸引大数据、云计算应用项目落户新区，巩固扩大数据源头的领先优势；依托东方国信工业互联网北方区域中心项目及中国人民银行总行金融科技中心和林格尔新区项目、内蒙古自治区农村信用社联合社同城灾备数据中心项目等金融行业数据中心的带动作用，着力推动金融机构数据存储、应用科技项目集聚，打造中国"金融云谷"，带动数据存储向数据开发应用转移升级。截至 2021 年年底，服务器装机能力达 72 万台，在建 73 万台，人工智能超算平台投入运行，总运算能力超 100PFLOPS[1]，达到全国人工智能超算先进水平。

三、成果成效

在国家和自治区的指导下，呼和浩特市在"双千兆"网络建设方面取得显著成效。截至目前，呼和浩特市累计建设 5G 基站达 5025 个，每万人拥有 5G 基站数 14.5 个；重点场所 5G 网络通达率达 90%，宽带网络下载速度在省会城市排名第六，5G 网络下载速度在省会城市排名第七。固定宽带 500M 及以上用户占比 43%，1000M 用户数为 1.5 万户，已经建成 10G-PON 端口 2.5 万个，城市 10G-PON 端口占比 30%，城市千兆宽带覆盖率达 122%，互联网宽带接入用户数达 128.7 万户，固定宽带家庭普及率达 100%，移动用户总量达 489 万户，其中 5G 用户

1　FLOPS（Floating-point Operations Per Second，每秒浮点操作数）。

数达 146 万户，占比 28.79%。

呼和浩特国家级互联网骨干直联点建成开通，互联带宽能力 700G，开通初始网间带宽达到 600G，是全国现有直联点建成时开通带宽最大的直联点。内蒙古自治区首条国际互联网数据专线及全国一体化算力网络国家枢纽节点——内蒙古枢纽节点已经建成上线运行。呼和浩特市将互联网骨干直联点、国际互联网数据专线、云计算数据中心及算力网络枢纽集于一地，有效地提升了互联网信息通信服务水平，改善了营商环境，为各行业领域"引进来""走出去"的企业开展线上业务运营和分支机构管理提供高效快捷安全的信息通道、算力能力及存储服务。

在产业数字化转型方面，国家工业互联网标识解析（内蒙古）综合型二级节点平台已建成并与国家顶级节点接通，标识应用企业达到 226 家，标识注册量达到 490 万个，标识解析量突破 12 万次。

伊利集团率先在业内建立产品追溯程序和母乳研究数据库，实现了各个环节信息可查询、来源可追溯、去向可跟踪，智能化饲养的比例达到 98%。蒙牛集团建成全国首个乳业智能制造数字化工厂，生产效率提升 20%。

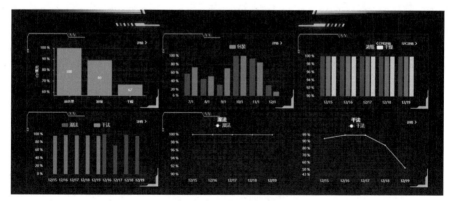

伊利金海工厂智能看板

金宇保灵通过在动物疫苗生产中应用 5G 技术，实现了生产线数据采集、在线检测、智能计算等流程可以在最优选工艺参数下自动完成，有效解决了生产批间差难题，保证疫苗生产的均一稳定、高效可控。

在数字产业化方面，依托信息"智能化"，实现"一网统管"。呼和浩特市"城市级"智能中枢——城市大脑，依托3000多个感知设备、12万路视频监控，全时段监测城市运行，所有情况可以24小时实时监测、一屏统揽，发现问题即知即办、即知即管。

利用信息"便利化"，实现"一网通办"。呼和浩特市创新推出了政务服务"365天不打烊"服务，通过智能自助终端，122项政务服务事项提供全天候办理。将各类公共服务热线"合零为整"，建立12345接诉即办平台，基本实现智能受理、智能派单、智能办理、智能回访、智能分析，全力打造全响应、全感知、全服务的便民服务平台。

四、未来规则

一是大力支持"双千兆"网络建设。呼和浩特市按照"政府主导、统一标准、整合资源、共建共享"的原则，在保障安全的前提下，有序推进杆塔资源对5G网络建设共享开放，最大化实现"一杆多用""一塔多用"。各级国有资本建设的杆塔资源（包含但不限于公安、交通、监测、照明、电力、通信等行业杆塔资源），具备条件的免费向铁塔公司和基础电信企业开放共享。社会资本建设的公共场合杆塔资源，按照统一市场限价向铁塔公司和基础电信企业开放。

二是统筹推进应用场景建设。呼和浩特市加强5G网络规划布局，持续优化扩展5G网络覆盖，加快5G应用创新。鼓励移动互联网、物联网、大数据、云计算、智能制造等新技术与特色优势产业的融合发展，进一步促进 5G 网络建设和应用场景落地。

三是增强数据中心存储计算能力。 呼和浩特市加快实施"东数西算"工程，发挥内蒙古自治区政策、区位、设施及能源等禀赋优势，汇聚行业精英，研究探索"东数西算"国家战略实施路径，带动产业上下游投资，为"双千兆"网络应用提供典型示范场景，为数字产业化和产业数字化催生新业态，为数字经济繁荣积蓄新动能，为经济社会高质量发展打造新引擎。

千兆城市-南京

南京，简称"宁"，江苏省省会，辖玄武、秦淮、建邺、鼓楼、栖霞、雨花台、江宁、浦口、六合、溧水、高淳11个行政区，面积6587.02平方千米，截至2021年年底，户籍总人口约733.72万人，常住人口942.34万人，是我国东部地区重要的中心城市、全国重要的科研教育基地和综合交通枢纽，是长江三角洲唯一的特大城市和长三角辐射带动中西部地区发展的重要门户城市、首批国家历史文化名城和全国重点风景旅游城市。

作为中国近代工业的摇篮，南京是以电子、石化、汽车、钢铁为基础的国家重要综合性工业生产基地，是首个中国软件名城、国家首批产融合作试点城市、综合型信息消费示范城市，国家首批两化融合、三网融合、下一代互联网示范城市。城市经济持续保持良好的发展态势，各项指标位居江苏省乃至全国前列，在东部地区和全国15个副省级城市中处于第一方阵。2021年南京市全年实现地区生产总值16355.32亿元，比2020

年增长 7.5%。2021 年实现一般公共预算收入 1729.52 亿元，比 2020 年增长 5.6%。2021 年全体居民人均可支配收入 66140 元，比 2020 年增长 9.1%。2021 年全体居民人均消费支出 39118 元，比 2020 年增长 19.1%。

南京风貌

一、发展概述

近年来，南京市积极贯彻落实数字中国、制造强国、网络强国战略，围绕打造数字经济名城，系统布局新型信息基础设施底座，深入推进"双千兆"网络协同发展和创新应用，为加快产业数字化、促进新型信息消费、提升数字化治理水平等筑牢根基，为推动经济社会高质量发展提供坚实网络支撑。2018 年，南京市入选全国首批 5G 网络试点城市，在 5G 网络建设方面坚持高强度投入、高标准建设、高密度覆盖。2019 年，南京联通公司小营 5G 基站成功开通，这是国内首次在变电站内建设 5G 基站，开创了"共享基站"新建设运营模式，全国首艘 5G 游船（夫子庙）、江苏省首条地铁5G全覆盖（4号线）、全国首条过江隧道5G全覆盖开通，打造了一系列江苏省乃至全国的首个项目。2021年，南京市成功获评全国首批"千兆城市"。南京市建设信息基础设施、推进产业数字化和工业互联网创新发展成效明显，获国务院办公厅督查激励，获评国家信息消费示范城市建设成效评估十大优秀城市。

二、建设经验

一是注重前瞻布局，强化规划引领。南京市坚持把新型信息基础设施定位为全市经济社会发展的战略性公共基础设施、数字南京建设的关键性底座。出台《南京市数字经济发展三年行动计划（2020—2022年）》《南京市"双千兆"网络协同发展实施方案》《南京市第五代移动通信产业发展推进方案（2020—2022年）》《南京市加快信息基础设施建设打造信息流动最快城市实施方案》等一系列文件，修编《南京市信息通信基础设施布局规划》，为千兆网络建设与发展提供合法依据和政策保障，有力地推进了数字化、网络化、智能化与经济社会发展深度融合。

二是注重组织保障，推进任务落实。南京市成立市数字经济发展领导小组，加强"双千兆"示范城市创建工作的组织领导，将"双千兆"网络建设任务纳入市对区高质量发展考核，督促和推动重点工程项目建设。加强部门协作，全面推进公共资源向5G网络设施免费开放，鼓励非公共资源优惠开放，加强5G网络设施用电服务保障，推进转改直工程，全面清理规范转供电环节加价行为。夯实基础支撑，重点推进5G网络在三甲医院、重点高校、文化旅游区、机场、高铁站、重要道路等流量密集区域的深度覆盖，规模部署 10G-PON 等千兆网络设施，推动新建小区和办公楼宇全光网接入，开展老旧小区、工业园区等薄弱区域光网改造，不断拓展"双千兆"在工业、信息消费、社会民生、数字政府等领域的创新应用。大力扶持 5G 网络建设、行业应用和产业发展项目，累计兑现专项支持资金 5172 万元。

三是注重生态构建，推动产业发展。2020 年，南京市政府与江苏移动、江苏电信、江苏联通、江苏铁塔签署共同推进南京市信息化高质量发展战略合作协议。2022 年，中国广电 5G 核心网东部中心节点项目落户南京，进一步提升"双千兆"网络服务能力。支持紫金山实验室、东南大学与华为、中兴通讯等头部企业深度合作，加强核心技术攻关，加大 5G 毫米波芯片、未来网络、6G 等的研发投入，目前已成功研制出 CMOS 毫米波芯片，比国外同类产品降低成本 80%。围绕南京市产业链重点园区，组织开展"5G+工业互联网"融合应用先导区培育，加大产业集聚，形成示范带动作用。目前，南京市共有 5G 产业链企业 218 家，拥有具备国内影响力的企业 24 家，占江苏省的 35.8%，产业链涉及相关产品服务 260 项。

四是注重用户体验，提升服务质量。加快南京国家互联网骨干直联点优化扩容，提升网络互联带宽；支持通信运营企业和自贸区开展合作，进一步扩容升级互联网国际出口带宽，改善南京市企业国际互联网访问体验。推动通信运营企业切实提升 5G 服务质量，制定并完善 5G 服务标准，加大对实体营业厅、客服热线等一线窗口的服务考核力度，严守营销红线，切实维护广大用户的合法权益。积极响应国家提速降费号召，加大千兆优惠力度，降低千兆提速门槛。2021 年，通信运营企业降低中小企业宽带和专线平均资费达 10% 以上，5G 和千兆的家庭业务资费价格下降达 10% 以上。

三、成果成效

截至 2022 年 6 月，南京市建成 2.65 万个 5G 基站，每万人拥有 5G 基站达 28.5 个，重点场所 5G 网络通达率达 100%，基本实现了主城区、重点园区和街镇连续覆盖。南京市累计部署 10G-PON 端口超 14 万个，城市 10G-PON 端口占比达 45.1%，千兆覆盖率达 143.6%。5G 个人终端用户超 585 万户，5G 个人用户普及率达 44.6%；城市地区 500Mbit/s 及以上固定宽带用户超 192 万户，占固定宽带用户总数的 38.5%。在工业、信息消费、社会民生等领域累计实施 357 个 5G 融合应用项目，35 个项目在全国"绽放杯"5G 应用大赛中获奖，形成了一批可复制、可推广的 5G 应用典型场景。其中，中国石油化工股份有限公司石油物探技术研究院和南京移动合作的"基于 5G 尊享专网的野外智能节点油气勘探系统"项目、中兴通讯（南京）有限责任公司和南京电信合作的"5G 赋能电子制造行业——'用 5G 制造 5G'电子行业之中兴南京 5G 工厂创新实践"2 个项目分别荣获全国第四届"绽放杯"总决赛一等奖第一名、第二名。

在工业互联网领域， 南京钢铁股份有限公司"基于 5G 全连接的 JIT+C2M[1] 智能工厂"、江苏移动"基于 5G 边缘计算的数字工厂"入选工业和信息化部工业互联网试点示范项目；扬子石化与

1　C2M（Customer to Manufacturer，用户直连制造）。

江苏联通合作的"5G+安全石化"项目、中兴通讯与南京电信合作的"5G+智能物流"项目入选工业和信息化部"5G+工业互联网"十大重点行业典型实践案例。

从具体案例上看，南钢自主设计、自主研发、自主创新世界首条专业加工高等级耐磨钢配件的 JIT+C2M 智能工厂，代表全球领先的智能化工厂水平。该智能工厂以"5G+工业互联网"为基础，实现无人化生产。自主开发完成数控机床、六轴机器人、桁架机器人及 AGV 小车等高端制造装备的端到端集成，通过工业机器人完成上下料分拣、视觉物料识别、热处理设备、抛丸、喷涂、自动打包、自动化立体库等工序智能协同作业；工厂物料流动过程高度自动化，工件加工过程中的物流搬运、管理与调度完全依赖机器人、传输带、无人小车、立体仓库等自动化设备。传统同类企业需要 150 多人，而该智能工厂生产技术人员目前仅有 38 人，人均生产效率达每月 100 吨，效率提升近 4 倍。

南京电信和中兴通讯联合打造的中兴通讯全球 5G 智能制造基地，坚持"用 5G 制造 5G"的战略，每分钟可产出 5 台 5G 基站。以解决 5G 行业应用定制化需求与规模化推广之间的矛盾为出发点，创造性提出了"1+2+5+X"的整体架构，即建设及运维 1 张 5G toB[1] 精品网络，基于天翼云部署两大工业云平台，合作开发五大能力中台，落地 X 种可复制的能力场景。滨江工厂旨在打造云、网、业三位一体的行业标杆，规划了十六大类超过 60 项的 5G+工业创新应用，覆盖了生产运营的所有环节，包括数据采集、AGV 物流、云化机器人、AR 远程指导、VR 沉浸式监控、环境监测、机器视觉、能效管理、无人驾驶、数字孪生等。目前，滨江工厂的智能制造实践已经在降本、提质、增效等方面为

1　toB（to Business，面向企业）。

公司带来了显著收益：装配质量漏检率降低 80%，关键工序不良率降低 46%，产线人员减少 28%，产线调整周期缩短 20%。

　　此外，**在医疗领域**，南京医科大学附属逸夫医院"基于 5G 的远程血液透析智能诊疗平台建设及在医联体模式中的试点应用"、南京市中医院"基于 5G 的中医智能诊疗区域管理服务平台"等 20 个项目入选工业和信息化部、国家卫生健康委员会"5G+医疗健康"应用试点项目。**在教育领域**，东南大学"5G+在线直播全场景互动教学的实现"、南京航空航天大学"5G 赋能智慧校园建设的南航模式探索与实践"等 7 个项目入选工业和信息化部、教育部"5G+智慧教育"应用试点项目。**在网络安全领域**，江苏移动"5G 整网安全防护系统"等 13 个项目入选工业和信息化部网络安全技术应用试点示范项目。

四、未来规划

　　南京市将按照"政府引导、市场运作，适度超前、均衡布局，共建共享、集约发展"的原则，全力推进 5G、千兆光网等新型信息基础建设布局，全面提升服务能级，争创全国"双千兆"示范城市标杆。

　　一是打造高质量 5G 网络。南京市聚焦提升主城区 5G 网络品质，面向公众用户提供高质量 5G 网络服务，打造一批国内一流品质的 5G 商圈、医院、校园和景区。面向行业应用需求，推进产业园区 5G 行业专网建设，打造面向行业的 5G 精品网络。培育重点园区争创首批"5G+工业互联网"融合应用先导区。加快打造连续覆盖的 700M 5G 基础网络，推进 5G 网络向乡镇和行政村延伸覆盖。

二是扩大千兆光网覆盖。南京市规模部署 10G-PON 等千兆网络设施，推进千兆无线局域网组网优化和用户接入终端升级，在全面覆盖光纤到户（Fiber To The Home，FTTH）接入方式的基础上启动 FTTR 试点、进一步提升家庭千兆接入效果，加快企业和家庭用户端网络升级。

三是推进双千兆应用创新。南京市支持基础电信企业开展 5G 独立组网的 IPv6 单栈试点，聚焦信息消费和数字化治理，加快"双千兆"网络在超高清视频、AR/VR 等消费领域的业务应用，推动"双千兆"网络与各行各业深度融合。积极探索具有地方特色的"数字乡村"建设模式，以信息化手段助力乡村振兴。

四是强化基础网络安全防护。南京市推动网络安全能力与"双千兆"网络设施同规划、同建设、同运行，提升网络安全、数据安全保障能力。建立健全的安全管理制度、工作机制，防范网络、设备、物理环境、管理等方面的安全风险，不断提升网络安全的防护能力。

千兆城市-无锡

无锡，简称"锡"，古称梁溪、金匮，是江苏省辖地级市，位于东经 119 度 31 分至 120 度 36 分，北纬 31 度 7 分至 32 度。无锡地处中国华东地区、江苏省东南部，因位于长江三角洲平原腹地、太湖北岸，被誉为"太湖明珠"。无锡东邻苏州，南和西南与浙江湖州、安徽宣城交界，西接常州，北倚长江，京杭大运河穿境而过。无锡属于亚热带湿润季风气候区，四季分明，热量充足。全市下辖 5 个区、1 个经济开发区，代管 2 个县级市，总面积 4627.47 平方千米，其中水域面积为 902.49 平方千米，占 19.5%，城市建成区面积为 356.25 平方千米。截至 2021 年年底，无锡市常住人口为 747.95 万人，城镇化率 82.79%。

无锡是国务院批复确定的长江三角洲地区中心城市之一，是重要的风景旅游城市，也是苏锡常都市圈的重要组成部分。无锡是国家历史文化名城，自古就是鱼米之乡，素有"布码头""钱码头""窑码头""丝都""米市"之称。无锡是中国民族工业和乡镇工业的摇篮、苏南模式的发祥地。有太湖鼋头渚、灵山大佛、拈花湾、无锡中视影视基地等景点。

2021年，无锡市实现地区生产总值14003.24亿元，按可比价计算，比2020年增长8.8%，两年平均增长6.2%。分产业看，第一产业增加值为130.33亿元，比2020年增长1.3%；第二产业增加值为6710.50亿元，比2020年增长9.9%；第三产业增加值为7162.41亿元，比2020年增长7.9%。

一、发展概述

无锡市大力实施创新驱动核心战略和产业强市主导战略，依托国家传感网创新示范区十余年的建设成就，扎实推动无锡数字经济加速发展，促进城市全面数字化转型，加快推进以千兆光网和5G为代表的"双千兆"网络建设及应用发展，将其作为应对经济下行压力、推动长三角一体化的重要手段，并取得了较好的阶段性成效。

二、建设经验

在推进"千兆城市"建设发展方面，无锡市主要从以下3个方面开展工作。

一是做好"双千兆"规划，以规划引领建设。 无锡市政府出台《关于加快推进第五代移动通信网络建设发展的若干意见》，推动公共资源向千兆光网和5G网络建设共享开放，提高千兆光网和5G网络建设审批效率，降低用电成本，加大保护力度，为无锡"双千兆"网络建设及发展制定保障措施。无锡市政府批复出台由无锡市工业和信息化局、自然资源规划局、无锡通管办编制的《无锡市第五代移动通信基础设施空间布局规划（2019—2024）》，无锡市发展和改革委员会等9个部门联合发布《关于推进5G新型信息基础设施与传统基础设施项目协同建设的通知》，为无锡在双千兆快速建设时期推行集约化的绿色建设模式提供了依据。无锡在全国同类城市中率先编制出台《无锡市5G产业发展规划（2020—2025年）》，为形成"以建促用"和"以用促建"的良性循环奠定基础。通过细化工业和信息化部5G应用"扬帆"行动计划和"双千兆"网络协同发展行动计划，根据无锡特点，编制出台《无锡市打造5G应用标杆城市实施方案》，加大以5G为代表的"双千兆"应用融合发展，打通长三角信息流，打造健康、繁荣的"双千兆"开放生态。

二是加快"双千兆"建设，以建设促进应用。无锡市政府与中国电信、中国移动、中国联通、中国铁塔四大电信运营商江苏省分公司开展合作对接，共同签署战略合作协议，加快推进5G网络建设。无锡市建立信息通信基础设施建设联席会议制度，由分管副市长召集、28个市级部门单位参加，着力加强部门间沟通和协同联动，清单制协调解决千兆光网、5G建设中的难点、堵点，并将5G基站建设列入市（县）区高质量发展考核。无锡市高标准布局中国（无锡XDC+）国际数据中心、中国移动长三角（无锡）数据中心、无锡国际数据中心等一批大型数据中心；前瞻性布局国家超级计算无锡中心，国家超级计算无锡中心拥有世界上首台峰值运行速度超十亿亿次浮点计算能力的超级计算机——"神威·太湖之光"；探索性布局易华录数据湖，通过低功耗的蓝光存储，有力支撑"双千兆"计划及人工智能、云计算、大数据等的应用发展。

三是推动"双千兆"应用，以应用促进建设。无锡市委、市政府出台《关于支持现代产业高质量发展的政策意见》，做好政策资金保障。无锡市致力打造"5G应用标杆城市"，推动垂直领域应用，重点开展工业、交通、医疗、农业、教育、安防、环境监测、森林防火、政务服务九大行业垂直领域应用试点示范，形成"3+4+X"5G融合应用体系。通过丰富5G终端产品，优化5G应用生态，构建由5G应用场景、行业标杆、试点园区、示范区域等构成的多层次融合应用综合体系。无锡市还连续两年举办世界电信日暨"双千兆"融合应用云对接活动，连续多年举办富含5G元素的世界物联网博览会，开展案例集编制和项目推广，大力支持"双千兆"应用示范推广。

三、成果成效

在无锡市委、市政府各项配套政策的有力引导下，在各项落地措施的有力保障下，在无锡产业上下游的共同努力下，无锡的"双千兆"网络水平持续领先，成为无锡全面开展数字化转型的坚实基础。

截至2022年6月底，无锡市累计投入运营5G基站16430个，基本实现市区、发达镇村和重点区域全覆盖，覆盖密度在江苏省排名第二。每万人拥有5G基站近22个，重点场所5G网络通达率达100%。无锡市累计部署10G-PON端口达11.94万个，具备覆盖超269万户家庭的千兆光纤接入能力。

"双千兆"用户占比加速提升。截至2022年6月底，无锡市5G移动电话在网用户数达304.48万户，5G用户普及率达40.71%，较2021年年底增长8.05pp；1000Mbit/s及以上固定宽带接入用户超83万户，较 2021 年年底新增 30.85 万户，约占固定宽带用户总数的 17.82%。

无锡市是全国首个地铁 5G 网络全覆盖城市，苏南硕放机场成为全国首批 5G 网络全覆盖的机场，沪宁高铁无锡段部署了全球首个连续覆盖的高铁 5G 网络。无锡市于 2018 年率先建成全光网城市，依托无锡作为电信运营商八大骨干网核心节点之一的优势，城域网（不含 IDC）出口带宽超 10T。

无锡市各界"双千兆"应用的创新热情高涨，无锡市企业在第四届"绽放杯"5G 应用大赛中获得各类奖项 9 个，其中，全国赛一等奖 1 个、二等奖 3 个、三等奖 1 个，江苏赛一等奖 1 个、三等奖 3 个。基于优质的"双千兆"网络，无锡市"双千兆"网络与工业、交通、教育、医疗等领域深度融合，涌现了一批创新性强、复制推广性强的应用试点项目。"无锡九里仓商业中心'双千兆'比邻定制网项目""无锡积高电子有限公司'双千兆'智慧工厂项目""基于'双千兆'的普洛菲斯柔性产线项目""威孚三千兆全连接工厂""基于'双千兆'的智慧河长""AR梯次级联与 3D-GIS 融合的高中低地一体化视频图像联动技术在'双千兆'网络下的研究与应用"等 19 个"双千兆"应用项目脱颖而出。

从具体案例上看，晶晟科技联合无锡电信等合作伙伴实施完成的"晶晟科技双千兆网络重构项目"，通过部署 5G+MEC 结合工业 PON 的解决方案，端到端时延可低至 15 毫秒，解决企业生产需求，降低企业维护成本，完全满足企业的生产发展需求。项目首次实现工业 PON 与工业数据采集网关模组的集成和应用，实现了工业 PON 有线网络与企业现有工业设备无缝融合。解决了企业现场生产数据难以采集、设备Wi-Fi 切换不畅的难题，实现了特定区域内大规模终端设备采集传输，助力生产者有效预测并做出决策，为推动制造业高质量发展提供有力支撑。

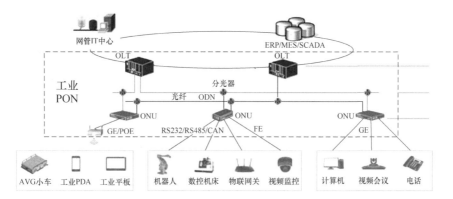

无锡移动的"基于双千兆的院前急救项目",创新了全市的救治模式,实现了为应急急救业务提供 5G 专用通道,保障数据安全与数据传输的服务等级协定(Service Level Agreement,SLA)。项目还研制出新型适配千兆网络的软件、硬件一体的 5G 智慧网擎,实现各项医疗数据的采集、加工和同步。项目通过运用千兆光网和 5G 技术实现了院前、院内及院后救治信息的全面共享,逐步建立"上下联动、分工协作"的急救救治分级诊疗体系,最大程度地提高胸痛疾病救治的成功率,降低残疾率和死亡率,进一步强化医疗服务保障,增进民生福祉。

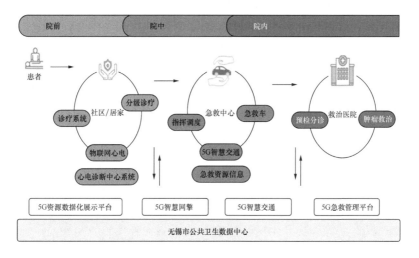

红豆集团联合无锡联通实施完成的"基于双千兆的红豆集团智能柔性工厂"项目，通过建设 5G 专网，构建 5G+MEC 与千兆光网专线的云边协同能力，打造纺织生产设备全连接和柔性智造系统。项目通过个性化定制及柔性智造技术的引入，提高员工收入，提升输出产能，创造更公平透明的生产环境。项目实施后，生产效率提升 20%，交货周期缩短 40%，员工收入提高 21%，成本降低 11%。

四、未来规划

无锡市将以"双千兆"网络、车联网等建设为抓手，进一步加快新型数字基础设施升级。**一是加速"双千兆"在区域上的部署。**无锡市优先在太湖湾科创带、城区、省级以上开发区和高新区等重点区域推动 5G 网络深度覆盖和千兆光网全覆盖。推进 5G 网络在工业园区、交通枢纽、大型体育场馆、景点等流量密集区域的深度覆盖。试点 5G 网络共享和异网漫游，加快形成热点地区多网并存、边远地区一网托底的网络格局。**二是推动"双千兆"在行业上的覆盖。**无锡市优先满足工业生产、医疗卫生、交通出行等相对成熟、需求迫切的重点应用领域覆盖需求，再逐步覆盖到教育、养老等民生领域，环保、安防巡逻等社会治理领域，4K/8K、AR/VR、互动游戏等文娱领域。**三是优化数据中心支撑服务能力。**无锡市鼓励存量成规模的数据中心提高算力资源服务本地民生、生产领域的比例。进一步提高数据中心的吞吐能力，提升出口带宽，为"双千兆"提供支撑。鼓励数据中心开展绿色化改造，推动电源使用效率（Power Usage Effectiveness，PUE）值降低到 1.4 以下。

在推进"双千兆"应用方面，无锡市计划在三年的时间里，由各行业主管部门通力协作，通过深度挖掘新技术和垂直领域对"双千兆"应用的需求，加速"双千兆"与各行各业融合，打造 100 个垂直行业典型应用场景，建成 10 个行业应用示范标杆（企业），创建 3～5 个 5G 融合应用示范园区，培育 5～10 家优秀解决方案服务商。在产业数字化、生活智慧化、治理精细化等领域推广"双千兆"应用试点，重点推动"双千兆"与物联网、车联网等无锡"地标"结合，建设一批具有典型无锡特色的"双千兆"应用，以行业应用标杆示范为先导，逐步辐射社会各行业与"双千兆"协同发展。

千兆城市－无锡

千兆城市-常州

城市名片

常州，简称"常"，别称龙城，江苏省辖地级市，全国文明城市，地处华东地区、江苏省南部、长江三角洲腹地，东与无锡相邻，西与南京、镇江接壤，南与无锡、安徽宣城交界，与上海和南京两大都市等距相望，区位条件优越，交通便捷，产业实力雄厚，是近代工业的发祥地、苏南模式的创立者之一。常州下辖金坛、武进、新北、天宁、钟楼5个区，代管溧阳市1个县级市，总面积达4385平方千米，常住人口达549.1万人。

2021年，常州市生产总值达8807.6亿元，按可比价格计算，增长9.1%，增速江苏省第四、苏南第二。新增上市公司10家、国家专精特新"小巨人"16家、高新技术企业418家；新增独角兽企业3家、潜在独角兽企业21家，位列江苏省第三；引进各类人才10.5万人。在江苏省率先实现三级医院互联网医疗服务全覆盖，成为全国首批、江苏省唯一的基础教育综合改革实验区。位列中国地级市基本现代化指数第12位、先进制造业百

常州风貌

千兆城市－常州

一、发 展 概 述

近年来，常州市坚决贯彻新发展理念，深度聚焦"532"发展战略，以支撑制造强国、网络强国和数字中国建设为目标，协同推进"双千兆"网络建设，着力夯实5G、物联网、区块链、人工智能等信息基础设施，持续深化传统基础设施智能升级，稳步推进融合基础设施建设，超前部署新型创新基础设施，保障网络与信息安全，赋能产业跨界融合发展，构建适应经济社会发展需求的高层次新型基础设施体系建设，为建设"强富美高"新常州筑牢坚实"数字底座"。

二、建设经验

常州市深入贯彻江苏省委、省政府关于高质量发展要求，按照"规划先行、适度超前、共建共享"原则积极谋划新基建，推动 5G 移动通信和千兆光网协同发展。

一是着重加强顶层设计。 自 2019 年常州市被列为全国第一批 5G 商用城市以来，常州市始终坚持"规划先行、适度超前、共建共享"的原则，加快 5G 网络建设步伐和商用推进进度，积极推动 5G 移动通信和千兆光网协同发展，相继出台了《关于加快推进第五代移动通信网络建设发展的若干政策措施》《常州市 5G 网络空间布局规划（2020—2025 年)》《常州市制造业智能化改造和数字化转型行动计划》《常州市"十四五"新型基础设施建设规划》等文件，明确了推进 5G 等新型信息基础设施建设的发展目标。

二是不断健全推进机制。 常州市强化市信息基础设施建设联席会议制度作用，坚持市区联动，定期由市政府召集联席会议成员推进协调，通报全市"双千兆"网络建设进度，切实有效协调解决"双千兆"网络建设过程中出现的问题。持续加大产业数字化转型在政策、法规、监管、金融、人才等方面的支持力度，发挥政府规划引导作用，研究出台、落实、持续完善相关重大项目、技术合作和产业配套项目招商引资政策，营造良好的政策环境。

三是持续完善信息设施建设。 常州市加快"双千兆"网络基础建设，加大投入，支持电信运营商及铁塔公司持续提高网络质量和服务能力，实现市区范围内全面、连续、深度地覆盖精品网络，推进"双千兆"网络在产业园区、工业聚集地等区域的深度覆盖。鼓励中小企业提高生产基础数据采集能力，支持中小企业对工业现场设备进行网络互联能力改造，打造"5G+融合"项目，为企业转型赋能。

三、成效成果

常州市加快部署数字基础设施建设，推进"双千兆"网络在产业园区、工业聚集地等区域深度覆盖。通过"5G+工业互联网"赋能，不断夯实常州市智能化改造和数字化转型的网络"基石"。

一是全面完善基础网络体系。在固定宽带建设上，常州市获评全国首批"千兆城市"，实现了主城区及金坛、溧阳城区的连续覆盖，千兆宽带用户数已达 61.87 万户。全面推进"宽带常州"建设，城域网接入带宽突破 10T，城市和农村光缆覆盖率均达到 100%，城区主要公共服务区域 Wi-Fi 覆盖率达 100%，初步建成"高速、移动、泛在"的基础网络体系。常州市城域网实现 IPv6 全覆盖，移动宽带接入网完成 IPv6 改造，建成窄带物联网（Narrow Band Internet of Things，NB-IoT）站点 4000 个，可承载 2.5 亿个物联网设备接入。

二是主城区 5G 信号连片覆盖。在 5G 基站建设上，常州市是全国首批开通 5G 商用的 50 个城市之一，截至 2022 年 7 月，常州市累计建设 5G 基站 1.3 万个，实现主城区 5G 信号连片覆盖，发达乡镇热点覆盖，重点交通枢纽、地铁、企事业单位、医院、商业综合体、高校等区域 5G 深度覆盖，主要旅游景区 5G 信号连续覆盖，市区 5G 网络覆盖率达 99%。5G 终端连接用户快速增长，达 272 万户，每万人拥有 5G 基站达 23.7 个，位列江苏省第三名。

三是全面助力数字化转型升级。5G 应用融合速度全面加速，助力企业智改数转取得实效，截至 2021 年，常州市共培育"5G+"融合应用项目 60 个，总投资达 6.8 亿元，涌现出中天钢铁数字工厂、江苏精研智能车间、智云天工超级"虚拟工厂"等一系列优秀案例。"5G+工业互联网"项目连续两年获得工业和信息化部 5G"绽放杯"全国赛殊荣。

典型案例 1：江苏国茂减速机股份有限公司"5G+个性定制化减速机生产应用项目"

该项目总投入 1.5 亿元，基于 5G 技术，探索 5G+ 工业互联网的融合创新，建设 5G 大规模定制工厂，推动企业业务深度优化和高度集成化，实现了"136"目标，即打造 1 个 5G+工业互联网融合应用示范标杆，构建 3 个能力平台，打造 6 类 5G 云边协同应用，帮助企业大幅提高了生产效率，提升了能源的利用率，有效降低了运营成本。随着技术的深度推广与应用，企业生产安全事故的发生概率和设备故障率大大降低，从而更好地保障企业的生产安全。

典型案例 2：中天钢铁打造"5G+智慧钢厂"

该项目主要包括转炉生产过程 AI 视觉监测（生产现场监测）、炼钢工序数字孪生（生产现场监测）、钢水氢含量监测（生产现场监测）、炉前小型智能快速分析、转炉预热 AI 视觉监测预警（生产现场监测）、行车远程控制（设备远程操控）、安全帽 AI 智能检测、人员车辆进出厂一体化管控、配电室环境监控等系统。项目对炼钢厂的各个管理模块进行了流程再造和改善，建立了"管理模式 + 信息化支撑"的高效管理体系，以数据标准化为基础、以信息共享为平台，聚焦生产管控流程一体化，整合贯通各级业务系统，降低数据与流程流转时间，显著提升了生产管理水平，实现了生产管理、质量管理、安全效益等方面的提升。

5G钢铁数字化孪生

人员安全

5G高清监控

5G无人天车

5G能耗采集

典型案例 3：微亿智造探索建设"5G+AI"平台

微亿智造围绕质检领域的痛点，成功推出国产自主可控的工业视觉算法，在百度昆仑芯片、移动 5G、智能传感等技术的支持下，构建了弹性算力平台。依托 5G 技术的低时延特性，实时感知车间相关产品的生产参数，并在工业大脑的支持下，对生产流程进行有效校准，帮助企业实现生产效率的最大化。目前，该平台已经部署了 27 个核心工业 AI 模型，建立了"数据上云、模型下发、算力输送"的运行模式，帮助企业充分挖掘工业生产全流程数据价值。

四、未来规划

常州市对 5G 和固网两个方面全面提质升速，让广大市民和企业切实享受到"双千兆"带来的便捷和实惠。

一是加快出台相关政策。围绕工业和信息化部《"双千兆"网络协同发展行动计划（2021—2023 年）》，出台常州市"双千兆"协同发展行动方案，明确主要目标、专项行动和具体任务。全面对 5G 千兆、固网千兆进行提质升速，普及千兆应用，进一步提升常州市"双千兆"宽带城市网络和服务能级。

二是加大建设协调力度。加快综合杆 5G 基站的推进力度，加快网络部署完善。优化 5G 供电服务，促进 5G 建设和发展。同时，根据江苏省《建筑物移动通信基础设施建设标准》，推动常州市建筑物移动通信基础设施共建共享，消除地下车库、电梯等移动网络信号盲区。

三是完善监测评估制度。建立常州市新型信息基础设施建设数据季报制度，通过对 5G 建设、创新应用、宽带网速等数据监测评估，促进网络提质，同时将"双千兆"网速等指标纳入高质量发展政府考核范畴。

千兆城市-苏州

城市名片

苏州，简称"苏"，下辖姑苏、虎丘、吴中、相城、吴江5个区及工业园区，代管常熟、张家港、昆山、太仓4个县级市，截至2021年年底，户籍总人口762.11万人，总面积8657.32平方千米，常住人口为1274.83万人，是江苏省辖地级市、国务院批复确定的长江三角洲重要的中心城市之一、国家高新技术产业基地和风景旅游城市。

苏州是首批国家历史文化名城之一，是吴文化的重要发祥地之一，有"人间天堂"的美誉。中国私家园林的代表——苏州古典园林和中国大运河苏州段被联合国教科文组织列为世界文化遗产。2021年实现地区生产总值22718.3亿元，按可比价格计算，比2020年增长8.7%。苏州市常住居民人均可支配收入68191元，比2020年增长9.0%；苏州市常住居民人均消费支出41818元，比2020年增长20.3%。

苏州风貌

一、发展概述

一直以来，苏州市积极抢抓机遇，全力提升通信基础设施服务能力，促进新一代信息技术产业快速发展，推动信息通信业持续健康发展，为推进智慧城市、数字经济奠定了坚实的基础。

近年来，随着"双千兆"网络的不断发展，苏州产业数字化转型标准化水平不断提升，工业互联网、智能制造、智慧交通、智慧医疗、智慧政务等多个领域应用不断落地，为苏州加快建设展现"强富美高"新图景的社会主义现代化强市提供强有力的支持。

二、建设经验

（一）统筹规划，强化政策保障

一是明确政策标准。苏州市先后出台了《关于加快推进第五代移动通信网络建设发展的若干政策措施的通知》《苏州市通信专项规划（2017—2035年）》（5G空间布局规划），将"双千兆"建设作为《推进数字基础设施建设工作方案（2021—2023年）》的重点内容并纳入市委2021年1号文。认真落实工业和信息化部《"双千兆"网络协同发展行动计划（2021—2023年）》，围绕加快基站建设、加速应用试点、加强产业集聚等方面积极作为，为推动苏州市信息产业发展提供重要支撑。**二是加强部门协同。**苏州市市场监管局等部门联合发布《关于进一步清理规范5G基站转供电主体加价行为优化电力营商环境的通知》，在苏州市范围内开展了5G基站转供电环节加价行为专项清理规范工作，及时纠正转供电主体发生的乱加价行为。**三是落实财政支持。**2021年苏州市发布了《苏州市5G建设发展考核奖补实施办法》，有力推动了5G基站建设和行业应用。

（二）加快升级，夯实设施建设

一是加快5G基站建设。行政审批部门创新工作举措，采取"一窗受理、联合审批"模式，优化行政审批流程，推动公共资源全面向5G建设开放。深化实施共建共享工作，统筹电信运营企业铁塔实施建设需求，开展5G网络设施共建共享。**二是扩大千兆光网覆盖。**苏州市规模部署10G-PON等千兆网络设施，推动新建小区和办公楼宇全光网接入，开展老旧小区光网改造。推进家庭内部布线改造、千兆无线局域网组网优化及引导用户接入终端升级等，加快企业和家庭用户端网络升级。

（三）先行先试，加快融合应用

一是统筹引导推进升级。苏州市制定了 5G 融合应用的实施方案，重点围绕工业互联网、智能制造、智能城市等领域积极探索，有效助推苏州市制造业企业数字化、网络化、智能化转型升级。**二是推进双千兆应用创新。**鼓励通信运营企业、互联网企业和行业单位合作创新，聚焦信息消费和数字化治理，推动"双千兆"网络与教育、医疗等行业深度融合。积极探索具有地方特色的"平安乡村"建设模式，以信息化手段落实"乡村振兴"战略。**三是拓展 IPv6+ 应用场景。**苏州市支持基础电信企业探索采用 IPv6+ 等新技术在网络层提供端到端的确定性服务能力，保障特定业务流传输的带宽、时延和抖动等性能要求。

三、成果成效

截至 2021 年 12 月，苏州市累计建设 5G 宏基站 2.6 万个，实现各中心城区、重点产业园区、交通枢纽等重点区域全覆盖。加强网业协同，加大资源投放，辅导用户使用 5G 流量，5G 用户占比达 35.3%。5G 产业链呈现良好发展态势，已初步构建了以芯片、光器件和光电缆、光通信 3 个关键环节为主的产业链，产业链生态圈企业 300 余家，产业规模超 300 亿元。

苏州市围绕千兆业务发展，从核心层、承载侧和接入侧，端到端快速推进千兆光网建设，接入侧大力推动 10G-PON 端口建设，10G-PON 端口占比超 34%。苏州市响应国家提速降费号召，针对家

千兆筑基 千兆城市建设实践精编

庭客户，大力开展千兆提速活动，加大千兆优惠力度，降低千兆提速门槛，加强千兆品质管控，提升用户千兆光网宽带使用感知，城市地区500Mbit/s及以上用户占比超29%，1000Mbit/s用户数达106万户。

随着"双千兆"网络的不断发展，苏州市的数字化应用水平不断提升，签约启动5G融合应用项目855个，其中"5G+工业互联网"重点项目232个，38个项目获评省级典型应用场景和优秀案例。"工业互联网标识应用解决方案试点示范项目""工业互联网平台+园区／产业集群解决方案试点示范项目""工业互联网平台+园区／产业集群解决方案试点示范项目"3个项目入选工业和信息化部2021年工业互联网试点示范项目，持续打响"工业互联网看苏州"品牌。此外，苏州市还遴选了"苏州市立医院5G医疗专网项目""江苏亨通光电5G数字工厂""友达光电5G全连接工厂MEC专网项目"等23个市级双千兆项目优秀案例。

其中，苏州移动推进"5G专网+智慧工厂"的深度融合，将中亿丰罗普斯金5G智慧工厂打造成为江苏省新材料行业首个5G案例，并以提升企业生产效率为落脚点，创造性地开拓"5G全连接"智慧工厂新模式。

苏州移动打造了"5G+工业互联网"融合创新，推动了中亿丰罗普斯金材料科技股份有限公司的铝制品制造从单点、局部的信息技术应用向网络化和智能化转变，通过三维可视化的展示方式，实现"5G+智慧产线""5G+智慧检验"等重点功能板块，创新地采用了"5G全连接"的建设模式。全新的5G工业生产业态，成为驱动中亿丰罗普斯金经济高质量发展的新引擎。

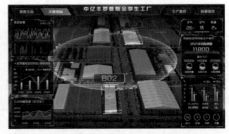

利用区块链技术对企业碳相关数据、文档文件进行安全存证，确保数据的真实性，利用区块链智能合约连通核查机构、金融机构、交易机构，为后续碳核查、绿色信贷、国家核证自愿减排量交易等打通链路、提高效率，降低时间成本。同时5G智能工厂中数字孪生系统的应用，可以实现各层级、各生产系统、各类人员之间的生产信息共享，提高生产运行效率，节约人工成本，提高了企业的生产效率与产品质量，优化了业务流程，降低了生产与管理成本，实现生产效率提升10%以上、产品不良品率降低10%以上、单位产品效能降低10%以上。

通过5G SA专网建设，用户面功能（User Plane Function，UPF）下沉到客户本地机房，同时根据客户需求规划深度神经网络（Deep Neural Networks，DNN），区分普通用户与企业用户，实现企业终端接入本地MEC，企业数据不出厂，确保网络提供超低时延网络环境。该案例在行业内属于首创，具有一定的行业应用价值。

四、未来规划

苏州市将继续大力推动"双千兆"网络协同发展，进一步加大"双千兆"网络建设支持力度。

一是持续扩大千兆光网覆盖范围，加大"双千兆"网络建设力度，推动"双千兆"网络进一步向有条件、有需求的农村地区覆盖，试点推广FTTR，促进全光接入网向用户端延伸，着力提升用户体验。

二是持续提升5G网络在园区等重点场景的深度覆盖，深化5G+工业互联网、车联网等各行业融合应用，打造一批千兆虚拟专网标杆工程。

三是加快提升超高速光纤传输等"双千兆"产业链研发制造水平，聚焦完善数字产业生态。

四是加快提升网络安全防护能力，推动网络安全能力与"双千兆"网络设施同规划、同建设、同运行，构建网信安全能力底座，为加快产业数字化进程筑牢根基，为推动经济社会高质量发展提供网络支撑，助力苏州制造业智能化改造和数字化转型。

千兆城市－苏州

千兆城市-杭州

　　杭州，浙江省省会、副省级市、特大城市，杭州都市圈核心城市，国务院批复确定的浙江省经济、文化、科教中心，长江三角洲中心城市之一。杭州下辖 10 个市辖区、2 个县，代管 1 个县级市，总面积 16850 平方千米，建成区面积 648.46 平方千米。截至 2021 年年底，杭州市常住人口为 1220.4 万人。2021 年，杭州市实现地区生产总值 18109 亿元。

　　杭州人文古迹众多，西湖及其周边有大量的自然及人文景观遗迹，代表性文化有西湖文化、良渚文化、丝绸文化、茶文化。杭州因风景秀丽，素有"人间天堂"的美誉。杭州得益于京杭大运河和通商口岸的便利，以及自身发达的丝绸和粮食产业，曾是历史上重要的商业集散中心。21 世纪以来，随着阿里巴巴、海康威视、新华三等高科技企业的带动，数字经济成为杭州新的经济增长点。

　　面对复杂多变的国际形势，杭州以数字化改革为引领，扎实推进"三化融合",数字经济核心产业规模和贡献度稳步提升,数字赋能增速扩面,城市数字化持续深化,数字经济在杭州高质量发展中继续发挥主引擎作用。2021 年,杭州数字经济核心产业实现增加值 4905 亿元,同比增长 11.5%,GDP 占比达 27.1%,比 2020 年提高 0.5 个百分点,发展动能强劲。

杭州风貌

一、发展概述

杭州市高度重视信息基础设施建设工作,积极抢抓 5G 与千兆光网发展的重大历史机遇,加快以 5G 与千兆光网为代表的千兆网络建设,推动"双千兆"融合应用,构筑千兆网络高端产业体系。以千兆城市建设为载体,推动杭州"双千兆"网络、应用和产业"三位一体"发展,为杭州数字经济高质量发展赋能。2020 年 6 月,我国首个新型互联网交换中心——国家(杭州)新型互联网交换中心正式启用。2021 年,杭州被评为全国首批"千兆城市"。

二、建设经验

杭州市将千兆网络作为"新基建"之首,是杭州数字经济高质量发展的关键基础设施。杭州市早在 2018 年便是三大电信运营商首批试点城市,2019 年开始大规模建设 5G 网络,积极协调解决千兆网络建设中遇到的各种困难,筑牢千兆网络更大规模商用的基础。2020 年,杭州大力推动 5G 与千行百业的深度融合应用,打造场景应用标杆示范,促进 5G 产业提质增效,打造 5G 产业生态圈。2021 年,杭州市深化推广千兆宽带入户行动,支持千兆光网改造,打造国家(杭州)新型互联网交换中心生态,着力提升千兆光网承载及传输质量。

一是建立健全推进机制。杭州市建立 5G 建设工作领导小组,出台《杭州市人民政府关于印发杭州市加快 5G 产业发展若干政策的通知》,统一思想,统筹协调,全面加快千兆网络建设。**二是率先探索集成改革试点。**杭州市出台《杭州市 5G 通信设施布局规划(2020—2022 年)》,在 2020 年开展推进 5G 基站建设"一件事"集成改革方案试点,简化并规范 5G 基站建设的审批流程,建立 5G 建设书面督办机制,提升千兆网络建设效率。**三是降低运维成本。**杭州市出台《市发改委关于进一步明确转供电价格政策有关事项的通知》,梳理全市 5G 基站转供电主体,按照"分类分批、稳步实施"原则,具备改造条件的户表应改尽改、直接供电,暂时不具备改造条件的户表严格按照清理规范转供电加价行为政策要求,据实分摊,收支平衡。**四是推进 5G 多网合一室分系统建设。**杭州市出台《关于推进住宅区和住宅建筑通信基础设施共建共享的实施意见》和《杭州市人民政府办公厅关于加快公共资源开放推进移动通信基站建设的指导意见》，将电信运营商独立建设室分系统转为支持多运营商多频段接入，实现多网合一、共建共享。**五是推广千兆宽带入户行动。**杭州市支持电信运营商千兆光网改造，提升 10G-PON 端口的占比，扩大千兆接入能力的 FTTH 覆盖家庭数量。**六是优化数据中心布局。**2020 年杭州市印发《关于杭州市数据中心优化布局建设的意见》，优化数据中心建设布局，探索液冷技术产业发展。**七是建设国家 (杭州) 新型互联网交换中心生态。**2020 年 6 月，国内首个新型互联网交换中心——国家（杭州）新型互联网交换中心正式启用，杭州市发布《国家（杭州）新型互联网交换中心补贴方案实施细则》，对传输线路租赁、交换中心运营、边界网关协议（Border Gateway Protocol，BGP）流量等方面进行扶持，着力打造国家 (杭州) 新型互联网交换中心早期生态。

三、成效成果

截至 2022 年上半年，在 5G 方面，杭州市已建成 5G 宏基站 2.97 万个，实现核心主城区、县域核心城区、主要园区及重点乡镇精品网络全覆盖，杭州 5G 网络建设规模、网络质量和覆盖率均居全国主要城市前列。在千兆光网方面，杭州市城区 PON 端口总数达 29 万个，其中 10G-PON 端口达 8.66 万个，占 PON 端口总数的 29.9%；具备千兆接入能力的 FTTH 覆盖家庭数有 705 万户，家庭千兆网络覆盖率达 159%。

杭州从应用基础、国家级平台赋能、万亿级市场支撑 3 个维度出发，选择**健康医疗、工业互联网、智能视觉、交通物流和城市治理** 5 个方向，深化"双千兆"网络与云计算、大数据、人工智能等技术的融合应用，引领实体经济转型升级。

1. 健康医疗场景

杭州市重点推进"双千兆"网络在急诊救治、远程诊断、远程治疗、远程重症监护、中医诊疗、医院管理、智能疾控、健康管理等方向的应用推广。例如，浙大一院的基于 5G 的测温巡逻机器人系统，用于红外测温筛查及防控指挥，效率提高了 10 倍以上；浙大二院的 5G 远程诊疗系统能够实现异地远程会诊，既有效减少了与患者的直接接触，也及时助力远程专家对患者的医治和抢救工作进行指导。

2. 工业互联网场景

杭州市积极推动"双千兆"网络赋能"未来工厂"建设，加快企业开展内外网改造，促进"双千兆"网络在工业设计、制造、质检、运维、安全等关键环节赋能。老板电器茅山智能制造基地是浙江省首个 5G SA 工业互联网应用试点，在智能制造系统架构中，5G 应用已经渗透到数据采集、过程控制、自动化制造、数字化管理等方面，引领了工厂生产管理的革新。兆丰机电入选工业和信息化部工业互联网创新发展工程，打造"5G+柔性作业车间"，将与淬火相关的 20 多个数据通过 5G 网络实时控制，并部署基于边缘计算的视觉分析模块对淬火工艺进行智能分析，从事后检验改进为加工过程直接判定，不仅保证了生产安全，同时提高了轴承的良品率。新安化工与浙江中控合作，共同开发了 5G 智能无线化工表具系统，实现流程行业毫秒级的不间断监控管理。

3. 智能视觉场景

杭州市以国家级短视频基地落户为基础，加快"5G+超高清视频"示范应用工程，建设"5G+4K/8K 超高清视频"联合创新实验室，巩固杭州市在基于 5G 的超高清视频产业领域的优势。例如，当虹科技研制的 HEVC/AVS2 4K 编码器已经通过国家广电总局的测试，5G+4K H.265 编转码设备实现国产化，成功适配鲲鹏服务器，与产业链企业一起打造了丰富的 5G/4G+4K 实践案例；率先推出 8K AVS3 60P 实时编码器，8K 编转码器正在由华为做产业协同，逐步推进国产化进程。

4. 交通物流场景

杭州市推进基于"双千兆"网络、云计算、大数据、人工智能的天地一体无人系统建设。聚焦车路协同、辅助驾驶、智慧停车、无人配送等场景的创新应用。开展了 300 米以下低空以 5G 独立组网为核心，融合北斗差分高精度定位、物联网、核心航线边缘计算和无人机地面站等技术的 5G 无人驾驶专网建设，实现无人机准入、测试、监管等核心需求，探索搭建满足地面自动驾驶、空中无人机运行和监管的新型基础网络，打造全国优质的"5G+车/飞联网"实验环境，吸引更多的优质企业向杭州聚集，培育起一个新兴的产业集群。

5. 城市治理场景

杭州市深入推进城市管理、交通治理、文化旅游、环境监测等城市运行、公共安全、应急管理等领域的"双千兆"网络应用，重点打造"双千兆"智慧亚运、"双千兆"未来社区等示范应用场景。

四、未来规划

杭州市将以深化千兆城市建设为契机，进一步在"双千兆"网络建设和融合应用推广等方面加大力度，争做全国表率和示范。

1. 以提升网络质量为目标，抓好 5G 基站建设及千兆光网建设

一是优化双千兆网络环境。杭州市将实现重点区域 5G 网络的优质覆盖及城市区域 10G-PON 端口持续改造，到 2025 年累计建设 5G 宏基站 4 万个，10G-PON 端口达到 10 万个，具备千兆接入能力的 FTTH 覆盖家庭数达到 800 万户。**二是克难攻坚解决三大顽疾。**针对通信网络建设中存在的"邻避效应"、选址难和运行成本偏高三大顽疾，深化"双千兆"网络新基建定期会商和交办机制，会同相关部门研究解决建设过程中出现的各类具体问题。**三是推进 5G 基站建设"一件事"集成改革，**简化基站建设审批流程，尽快完成优质 5G 网络的构建，率先打造具有国内一流、杭州特色的新型网络体系。**四是推进公共资源开放，**降低"双千兆"网络建设和运营成本，到 2025 年，千兆网络的综合运维成本降低 30%。**五是加强规划。**针对基础传输网络、综合接入机房、城区内管道资源、节点机房资源等，积极制定各类综合规划，保障相关资源。

2. 以融合创新为路径，抓好双千兆应用示范

一是加大场景应用推广。杭州市加大对融合应用场景的支持力度，加快场景应用项目的产业化，鼓励相关行业先行先试，促进产业双方对接交流。**二是树立示范标杆。** 到 2025 年，杭州市累计打造 50 个以上的典型应用案例，重点在 5G/F5G[1]+ 超高清视频、工业互联网、车 / 飞联网等领域打造一批样板项目，在全国形成引领示范作用，形成丰富多样的应用生态体系。**三是积极探索盈利模式。** 杭州市积极探索规模推广的商业价值，在"双千兆"场景融合应用中形成产业链整合能力，形成具有商业规模化推广的产业生态。

千兆城市－杭州

1　F5G（The 5th Generation Fixed Network，第 5 代固定网络）。

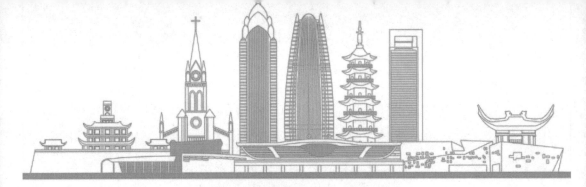

千兆城市-宁波

　　宁波，简称"甬"，浙江省地级市、副省级市、计划单列市、国务院批复确定的中国东南沿海重要的港口城市、长江三角洲南翼经济中心、全国文明城市。截至 2021 年年底，宁波下辖海曙、江北、镇海、北仑、鄞州、奉化 6 个区，宁海、象山 2 个县，慈溪、余姚 2 个县级市，拥有户籍人口 618.3 万人，常住人口为 954.4 万人。

　　宁波紧跟国家重大战略布局，谋定而动、蓄势待发，陆续获批成为全国首个国家制造强国战略试点示范城市、"一带一路"的重要节点城市、全国跨境电子商务综合试验区、综合型信息消费示范城市。2021 年，宁波实现地区生产总值 14594.9 亿元，按可比价格计算，比 2020 年增长 8.2%；完成财政总收入 3264.4 亿元，比 2020 年增长 15.1%。2021 年居民人均可支配收入 65436 元，比 2020 年增长 9.1%；居民人均生活消费支出 40478 元，比 2020 年增长 17.5%。2021 年，宁波舟山港完成货

宁波风貌

一、发展概述

近年来，宁波市委、市政府深入学习贯彻网络强国战略思想，大力推进数字中国建设在宁波的落地，深入实施数字经济"一号发展工程"，推动"双千兆"网络等新型数字基础设施适度超前部署，着力夯实数字社会底座。

基于优质的"双千兆"网络，宁波市的新型信息消费水平稳步提升，产业数字化转型全面提速，工业互联网、车联网、智慧港口、智慧医疗、远程教育等应用加速落地，城市治理体系和治理能力现代化水平显著提升，加速建设现代化滨海大都市、高质量发展建设共同富裕先行市。

二、建设经验

在推进"千兆城市"建设及"双千兆"协同发展上，宁波市主要从以下 3 个方面开展工作。

一是强化规划的前瞻性、引导性作用。宁波市认真贯彻落实工业和信息化部《"双千兆"网络协同发展行动计划（2021—2023 年）》和《浙江省"双千兆"网络协同发展三年行动计划（2021—2023 年）》部署要求，编制出台了《宁波市数字基础设施建设"十四五"规划》《宁波市 5G 产业发展规划（2021—2025 年）》《宁波市区 5G 基站布局规划（2019—2023 年）》等一系列专项规划，夯实部门职责，指导产业发展，引领社会预期。此外，宁波市还制定了《宁波市"双千兆"网络协同发展行动计划（2021—2023 年）》，组织实施基础设施建设、行业融合赋能等六大行动，推动"双千兆"网络高质量协同发展。

二是强化"双千兆"网络高质量供给能力。宁波市政府牵头建立 5G 通信基础设施建设和应用产业化联席会议制度，统筹推进 5G 建设和应用，协调解决 5G 基站选址难、进场难等突出问题，"清单制"推进 5G 基站建设。住房和城乡建设局、通信管理局、市场监督管理局等部门加大监管力度，确保建设单位、基础电信企业等严格落实光纤到户国家标准和建设工程配建 5G 基础设施地方标准，有力推进固定宽带网络和移动宽带网络部署。市级相关部门还联合印发了《关于推进电梯轿厢、井道和地下室通信信号覆盖的实施意见（试行）》，着力提升室内场景、地下空间的通信信号覆盖水平，切实保障人民群众在特定场景下的网络使用需求。

千兆筑基 千兆城市建设实践精编

　　三是强化"双千兆"网络和产业深度融合的示范效应。宁波市鼓励基础电信企业、互联网企业和行业骨干企业聚焦产业数字化转型，开展面向不同应用场景和生产流程的"双千兆"协同创新，加快推进"产业大脑+未来工厂"建设。宁波市注重典型应用的示范推广，以现场会、推介会等形式组织业内企业参观学习雅戈尔、爱柯迪、金田铜业、捷创等标杆项目，着力提升行业整体数字化水平。此外，宁波市搭建高端交流合作平台，连续 11 年成功举办世界数字经济大会暨智慧城市与智能经济博览会，年均 300 多家国内外知名企业参会，累计签约重大合作项目 322 个，有力推动了地区和行业的合作交流。

三、成效成果

　　得益于宁波市委、市政府的高度重视和政策的有力引导，在产业各方的协同努力下，宁波市的"双千兆"网络水平持续提升，多项指标保持全国领先水平，为宁波市的产业数字化转型和数字经济发展奠定了坚实的网络基石。

目前，宁波市已实现优质网络广域覆盖。截至 2021 年 12 月，宁波市已累计建成 5G 基站超 1.7 万个，每万人拥有 5G 基站数超 18 个，重点场所 5G 网络通达率达 98%。5G 网络已实现区 / 县（市）城市区域连续覆盖，重点行政村以上地区有效覆盖。宁波市累计部署 10G-PON 端口超 6 万个，城市区域 10G-PON 端口占比超 28%，具备覆盖超 380 万户家庭的千兆光纤接入能力。

同时，"双千兆"用户结构持续优化，移动和固定宽带用户正在加速向 5G 和千兆宽带迁移，"双千兆"用户占比逐年提升。截至 2021 年 12 月，宁波市 5G 个人终端用户超 400 万户，5G 个人用户普及率达 31.7%；城市地区 500Mbit/s 及以上固定宽带接入用户超 80 万户，约占固定宽带用户总数的 30%。

值得一提的是，基于优质的"双千兆"网络，宁波市的产业数字化创新应用加速涌现。结合宁波市产业特色和区位优势，"双千兆"网络与工业、港口、医疗等领域深度融合，形成一批有创新性、可复制、可推广的应用试点项目。爱柯迪、雅戈尔、三星医疗电气共 3 个"5G+工业互联网"项目相继入选国家工业互联网试点示范项目，宁波大学医学院附属医院"基于 5G 的皮肤癌智能远程诊断系统"、宁波市第六医院"基

于 5G 技术的骨科机器人远程手术系统应用"、宁波市李惠利医院"基于 5G+物联网技术的医院设备全生命周期管理模式的构建"等 6 个项目入选国家"5G+医疗健康"应用试点项目。此外，宁波市还遴选了"吉利 5G+VP 数字化工厂""金田铜业 5G+智能工厂""梅东集装箱码头 5G+智慧港口"等 24 个市级 5G 应用试点项目。

从具体案例上看，三星医疗电气公司联合宁波电信等合作伙伴，围绕智能化电表生产工作流程，建成基于 5G 和工业 PON 的数字化车间。通过对电表注塑件产线数据的回传控制、无人搬运车的云化管理、生产车间内人员的安全检查等全生产要素的智能协同，实现了全工厂实时化、动态化、精细化管理。自项目落地后，产品研制周期缩短 27%，产品不良率降低 30%，生产效率提升 23%。

爱柯迪"汽车零配件数字化工厂 5G 建设试点示范项目"，由爱柯迪公司和宁波移动在汽车零配件压铸制造领域开展合作，联合产业链上下游合作伙伴，成功建设了压铸制造数字孪生工业互联网平台，实现了生产数据的全方位监测，打造了"5G+三维扫描""5G+AR 辅助生产管理""5G+智能质检"等 15 个典型应用场景，形成完整的"5G+智慧工厂"解决方案，有效满足了企业的柔性化生产需求。自项目落地后，生产效率提升 19%，半成品库存周转率提升 35%，人均产值提升 12%。

雅戈尔"5G 智能工厂"项目由雅戈尔公司联合宁波联通共同打造，依托 5G、数字孪生等技术，在地理信息、物理信息、运行逻辑上按 1∶1 虚拟还原了服装制造工厂，通过对缝纫机、无人搬运车和巡检机器人实时数据的采集和分析，直观、可视化地远程掌握工厂生产、物流、设备等全局信息，解决了传统生产系统中信息抽象、点状化导致的异常处理不及时、决策滞后等问题。自项目落地后，生产效率提升了 25%，订单交付周期缩短了 10%，预计年利润增加 3000 万元。

5G全连接MESH	5G生产看板	5G压铸单元岛	5G实景视频指挥分析系统	5G高精定位
5G产品三维扫描	5G AR辅助生产管理	5G区块链产品溯源	5G量产MES终端	5G专网端到端运维
5G仓储及AGV物流	5G网络及工控安全	5G机加工生产线	5G工业互联网平台	5G AI质检

四、未来规划

　　宁波市将进一步加大"双千兆"网络建设支持力度。宁波市鼓励各级政府机关、企事业单位和公共机构等所属公共设施向通信机房、5G基站、室内分布系统、杆路、管道及配套设施等建设开放。鼓励基础电信企业积极争取集团资源，加大"双千兆"网络建设力度，推动"双千兆"网络进一步向有条件、有需求的农村地区、偏远地区覆盖。

加大"双千兆"网络惠及民生力度。 宁波市鼓励基础电信企业面向低收入、老年人、残疾人等群体和中小微企业推出优惠资费措施，提升服务质量，让更多群众和企业享受数字经济红利。聚焦群众关切，推动"双千兆"网络与教育、医疗等行业的深度融合，提升农村教育和医疗水平，促进基本公共服务均等化，助力高质量发展，建设共同富裕先行市。

加大"双千兆"网络应用培育力度。 宁波市聚焦光缆、材料、芯片、终端等产业链关键环节，强化政策和资金综合集成，支持本地企业加大研发投入，突破关键核心技术。推动本地企业深化与华为、中兴通讯、基础电信企业等国内行业头部企业的合作，以产业数字化提升市场竞争力。加快推动宁波物联网 5G 创新实验室、"5G+工业互联网"联合创新中心等创新载体落地，加速推进宁波区块链新型信息基础设施"甬链"建设，不断拓展"双千兆"网络应用场景。

千兆城市-南昌

城市名片

南昌，简称"洪"或"昌"，古称豫章、洪都，江西省省会、国务院批复确定的中国长江中游地区重要的中心城市、鄱阳湖生态经济区中心城市。南昌下辖6个区、3个县，总面积7195平方千米，截至2021年年末常住人口为643.75万人。2021年，南昌实现地区生产总值6650.53亿元。

南昌地处中国华东地区、江西中部偏北，赣江、抚河下游，鄱阳湖西南岸，位于东经115°27'～116°35'、北纬28°10'～29°11'。南昌是江西省的政治、经济、文化、科教和交通中心，有"吴头楚尾，粤户闽庭""襟三江而带五湖"之称，"控蛮荆而引瓯越"之地，是我国唯一一个毗邻长江三角洲、珠江三角洲和海峡西岸经济区的省会城市，也是华东地区重要的中心城市之一、长江中游城市群中心城市之一。

南昌是国家历史文化名城，因"昌大南疆、南方昌盛"而得名，"初唐四杰"王勃在《滕王阁序》中称颂其为"物华天宝、人杰地灵"

之地；南昌是军旗升起的地方，1927年"八一"南昌起义打响了武装反抗国民党反动派的第一枪，中国共产党第一支独立领导的人民军队在南昌诞生；南昌是中国重要的制造中心和航空工业发源地，中华人民共和国建立初期第一架飞机、第一批海防导弹、第一辆摩托车、第一辆拖拉机均在南昌问世；南昌是中国首批低碳试点城市，享有国家创新型城市、国际花园城市、国家卫生城市、全球十大动感都会、全国文明城市等多项美誉和称号。

南昌风貌

一、发展概述

南昌市提出大力发展数字经济"一号工程"，不断夯实基础设施建设，激发技术创新活力，提升数字经济核心产业能级，加快推进数字技术与传统产业的深度融合，着力打造江西省数字经济创新引领示范区。2022年5月，"国家级互联网骨干直联点"在南昌顺利开通，基础设施支撑进一步增强，这将为加快推动南昌数字经济发展、全力打造"世界级 VR 中心"发挥积极作用。

"双千兆"网络的持续发展，带动了南昌工业互联网、智能制造、智慧城市、智能家居等领域的创新，推动了 VR 应用、在线会议、在线教育、远程医疗、直播带货、线上销售等新业态、新应用、新场景加速落地。南昌积极创建全国首批"千兆城市"，既有利于产业发展和转型升级，又是进一步打响现代化城市品牌的难得机遇。

二、建设经验

千兆筑基 千兆城市建设实践精编

在推进"千兆城市"建设及"双千兆"协同发展上，南昌市主要从以下 4 个方面开展工作。

一是高起点规划布局。南昌市认真贯彻落实工业和信息化部《"双千兆"网络协同发展行动计划（2021—2023 年）》部署要求，印发了《南昌市 5G 发展规划（2020—2025 年）》，提出以"加快网络部署、拓展融合应用、促进产业提升、建设服务平台、统筹安全保障"为主线，确定一个目标，划定三个梯次，明确四大任务，实施十项工程，努力构建符合南昌的 5G 应用和产业生态体系，力争到 2025 年，初步建成国内"网络供给位居前列、行业应用深度融合、核心产业高度汇聚、安全体系支撑有力"的 5G 战略性新兴产业集群，将南昌打造成"全国有重要影响力和省内率先引领的 5G 融合创新应用和产业集聚发展新高地"。

二是高标准推进建设。南昌市政府成立了市 5G 发展工作推进小组，该小组多次组织召开专题协商会议，先后印发了《南昌市发改委 南昌市市场监督管理局关于深入落实转供电价格及支持我市 5G 发展的实施意见》《南昌市 5G 基站设施"绿色超简"审批意见》《5G 基站建设工作第一次协商会议纪要》《5G 基站建设工作第二次协商会议纪要》《5G 基站建设工作第三次协商会议纪要》《5G 基站通信管道问题专题协商会议纪要》等一系列文件，有力推进了南昌市 5G 基站的建设，得到了省级主管部门的高度认可，建议江西省各设区市借鉴南昌市的做法。

三是高要求服务产业。 通过建立 5G 产业基地，南昌市鼓励光纤光缆、芯片器件、网络设备等企业持续提升产业基础高级化、产业链现代化水平。南昌高新区 "5G+VR" 特色产业园成功获评江西省工业和信息化厅的 "江西省 5G 产业基地"。江西迅特通信自主研发生产的 155M 至100G 全系列光模块产品，是国内电信运营商市场最大的光模块产品供应商；德瑞光电的 5G 核心通信芯片在国内具有领先优势，中标工业和信息化部 2019 "工业强基" 项目，重点解决了 5G 基建中光模块核心元器件的技术瓶颈问题。南昌市出台了《关于进一步推动电子信息产业高质量发展的实施意见》，鼓励终端设备企业加快 5G 终端研发，提升 5G 终端的产品性能，推动支持 SA/NSA 双模、多频段的智能手机、客户终端设备（Customer Premise Equipment，CPE），以及云 XR、可穿戴设备等多种形态的 5G 终端成熟。黑鲨科技是南昌市第一个自有品牌的 5G 手机企业，在游戏手机领域全球市场占有率高，其自主研发的黑鲨游戏手机 2 是全球第一款具备 "屏幕压感" 功能的安卓手机。南昌市已有江西迅特、南昌诺思、联创电子、江西德瑞光电、欧菲光、华勤、南昌龙旗、飞尚科技等 5G 企业。

四是高水平融合应用。 江西省聚焦制造业数字化转型，开展面向不同应用场景和生产流程的 "双千兆" 协同创新，加快形成 "双千兆" 优势互补的应用模式。坚决落实《工业互联网创新发展行动计划（2021—2023 年）》《5G 应用 "扬帆" 行动计划（2021—2023 年）》，逐步完善 5G 产业链条，打造 5G 融合应用新产品、新业态、新模式。培育了一批 "5G+智慧工厂"

试点示范应用，现阶段入库 26 个项目。面向民生领域，南京市推动"双千兆"网络与教育、医疗等行业深度融合。南昌急救中心 5G+智慧急救大脑（南昌急救中心），江西中科九峰智慧医疗科技有限公司的 5G+AI 基层呼吸系统传染病监测预警系统入围工业和信息化部和国家卫生健康委员会 5G+医疗健康应用试点项目。鼓励基础电信企业、互联网企业和行业单位合作创新，聚焦信息消费新需求，加快"双千兆"网络在超高清视频、AR/VR 等消费领域的业务应用。3 家电信运营商积极与企业打造试点应用，南昌电信与南昌日报社联合推出 5G+VR 直播脱贫攻坚活动，南昌电信与省市法院共建 5G+VR 智慧法院，南昌移动联合市公安局建设 5G+AR 智能警务眼镜应用，南昌移动联合正邦集团开展 5G+VR 直播养猪应用，南昌联通与江西广电共建"5G+VR 联合实验室"等。

三、成果成效

得益于政策的有力引导，在产业各方的协同努力下，南昌市的"双千兆"网络水平持续提升，为南昌市的产业数字化转型和数字经济发展，奠定了坚实的网络基石。

截至 2021 年 12 月 30 日，南昌市累计开通 12350 个 5G 基站，在江西省占比 21%，排名第一，每万人拥有基站数超 16.7 个。南昌市城市区域 10G-PON 端口占比超 50.5%，城市家庭千兆光纤网络覆盖 272.7%。

同时，"双千兆"用户结构持续优化。截至 2022 年 3 月，南昌市 5G 个人终端用户超 240 万户，5G 个人用户普及率达 30%；城市区域 500Mbit/s 及以上固定宽带接入用户超 70 万户，约占固定宽带用户总数的 27%。移动和固定宽带用户正在加速向 5G 和千兆宽带迁移，"双千兆"用户占比逐年提升。

基于优质的"双千兆"网络，南昌市的产业数字化创新应用加速涌现。结合南昌产业特色和区位优势，"双千兆"网络与工业、医疗、政务等领域深度融合，形成一批有创新性、可复制、可推广的应用试点项目。华勤电子、泰豪科技、江西电力、融合科技、江铃汽车、龙旗信息6家企业获评江西省2021"5G+工业互联网"应用试点示范项目、应用示范工厂。江西科骏与南昌移动联合打造的"5G+VR红色文化研究院"、江西影创"5G+MR全息智慧教室"等入选江西省第二批VR应用示范项目。南昌市制定了《南昌市推动"5G+智慧工厂"建设三年行动计划》，在全市筛选出首批26家数字化转型成果较好的工业企业纳入项目培育库。

南昌龙旗5G+智慧工厂项目，通过5G+智能门禁和访客系统，实现了5G+MEC+智能AGV应用、能耗管理、5G+工业互联网平台等应用赋能，在江西省首次利用5G+边缘计算技术来实现AGV集群调度和多机通信，首次落地视觉导航技术应用和5G+数字化融合组网技术应用等，实现了龙旗品牌的价值提升，达到提质、降本、增效的目的。在整厂各环节累计节省人工50%～70%，提升仓储及物料流转效率1倍以上，各环节错误率降低90%以上，节省能源25%以上，企业运营成本降低25%，不良品率降低10%，产品研发周期缩短20%，园区生产、办公、生活领域千兆网络100%全面覆盖。

南昌华兴针织5G+工业互联网项目，利用5G+工业互联网，通过自动化设备、自动吊挂传输系统，定制开发中控软件及各自动化设备控制软件，建立了一个全面的、集成的、先进的和稳定的生产控制与数据可视化的智能产线，实现设备运行数据驱动生产过程管理，发现生产过程瓶颈，科学维保，减少异常停机，利用数据科学决策，提高生产效率，提升企业核心竞争力。南昌华兴针织的产线升级改造，实现了后段的减员提效，有效减少人员50%以上，提高效率30%。

四、未来规划

南昌市将进一步加大"双千兆"网络建设支持力度。鼓励各级政府机关、企事业单位和公共机构等所属公共设施向通信机房、5G基站、室内分布系统、杆路、管道及配套设施等建设开放。鼓励基础电信企业加大"双千兆"网络建设力度,推动"双千兆"网络进一步向有条件、有需求的农村地区、偏远地区覆盖。

一是加快提升5G网络基础设施水平。按照江西省下达的任务要求,南昌市稳步推进5G基础设施建设,进一步优化建设环境,持续落实5G基站"绿色超简"审批制度,推动公共资源免费开放。尽快落实第三批5G基站电费补贴,对新建成运营的5G基站给予奖励。全力推进南昌"国家级互联网骨干直联点"建设,制定项目建设保障措施,满足项目涉及的传输管道和机房用电需求,协调项目建设中存在的问题,确保按照江西省的统一部署,于2022年6月底投入运行。积极打造千兆城市,对照有关指标进一步提升"双千兆"网络建设、用户发展、应用创新水平,筑牢数字经济承载底座。

二是加快推进5G+工业互联网平台建设。以中国工业互联网研究院江西分院、中国信息通信研究院江西研究院、华为(南昌)工业互联网创新中心等在南昌市落地为契机,南昌市推进工业互联网在汽车、电子信息、医药、航空、食品、针纺等重点产业领域的深度应用。优先在全市优势主导产业开展基于工业互联网二级节点的产品溯源、供应链管理及产品全生命周期管理等成熟应用场景的试点示范,形成具有行业示范和推广价值的典型经验和通用解决方案。鼓励中小企业充分利用工业互联网平台的云化研发设计、生产管理和运营优化软件,实现业务系统向云端迁移,降低数字化、智能化改造成本。重点领域发展供应链数字化，以高效的供应链协同为智能制造发展提供强有力的支撑。

三是加快推动 5G 技术赋能制造业转型升级。南昌市加快实施《南昌市智能制造与产业转型升级"十四五"发展规划》《南昌市推动"5G+智慧工厂"建设三年行动计划》。以 5G、工业互联网、VR/AR、物联网、数字孪生、人工智能、大数据、云计算、区块链等新一代信息技术为支撑，推出一批柔性生产、机器视觉、无人驾驶、智慧巡检、产品溯源、智慧供应链等标杆应用场景，加快新一代信息技术与制造全过程、全要素深度融合。支持一批制造业头部企业开展制造技术突破、工艺创新和业务流程再造，实现产品智能化、装备智能化和生产智能化，促进传统制造业走上创新型、效益型、集约型、生态型发展模式。

四是加快构建 5G 产业发展生态。南昌市重点打造红谷滩新区、高新开发区和小蓝经济技术开发区三大 5G 发展核心引领区，加快引育一批 5G 技术研发、创新应用、关键器件、新型智能终端、智能网联汽车研发和制造等优质项目，辐射带动全市 5G 发展。强化 5G 技术联合攻关，支持制造业骨干企业引进并联合一批高端科研院所、高等院校、高新技术企业、高端人才团队等组建科技攻关团队，共同对数字化转型升级核心问题进行技术攻关。全面承接"03 专项"转移转化试点示范成果，引导 5G 创新成果转化，推动 5G 从技术研发到产业化落地，实现行业规模化应用。结合南昌市产业发展特点，加快 5G+汽车、5G+教育、5G+医疗、5G+环保、5G+工业互联网等应用场景落地，打造一批 5G 产品和应用的"南昌品牌"。支持企业组建"产、学、研、用"紧密结合的 5G 产业技术创新联盟，建立联合开发、优势互补、成果共享、风险共担的"产、学、研、用"合作机制，培育 5G 产业本地生态，构建可持续发展的发展动能。

千兆城市-九江

　　九江，简称"浔"，为江西省地级市，古称柴桑、江州、浔阳，是一座有着 2200 多年历史的江南名城。九江地处万里长江、千里京九、八百里鄱湖的交汇点，是长江中游区域中心港口城市，也是东部沿海开发向中西部推进的过渡地带，号称"三江之口，七省通衢"与"天下眉目之地"，同时与鄂湘皖交界，有"江西北大门"之称。九江面积 1.91 万平方千米，人口 520 万人，下辖 7 县 3 市 3 区、1 个国家级经开区、1 个国家级高新区、2 个国家级风景名胜区和 1 个城市新区、1 个鄱阳湖生态科技城，国家级赣江新区有 2 个组团在九江。九江是我国首批 5 个沿江对外开放城市、长江沿岸十大港口之一，也是江西省唯一的沿江港口城市，水陆空交通发达，承东启西、引南接北。

　　九江被定位为鄱阳湖生态经济区建设新引擎、中部地区先进制造业基地、长江中游航运枢纽和国际化门户、江西省区域合作创新示范区，是中国十大魅力城市、长江经济带绿色发展示范区、中国优秀旅游城市、中国十大宜居城市、中国最具魅力的金融生态城市、跨国公司眼中最具投资潜力的中国城市、国家知识产权试点城市、长江经济带重要节点城市、国家历史文化名城。九江拥有国家级九江综合保税区、中国（九江）跨境电子商务综合试验区、九江长江经济带区域航运中心三大开放平台，国家级九江经济技术开发区、九江共青城高新技术产业开发区、鄱阳湖生态科技城、九江高铁新区等产业平台。

2021 年，九江完成地区生产总值 3735.7 亿元，比 2020 年增长 8.8%；财政总收入完成 606.8 亿元，增长 11.3%；固定资产投资增长 10.3%；规模以上工业增加值增长 11.3%；出口值增长 38%；城镇和农村居民人均可支配收入分别增长 8.2% 和 10.5%。

一、发展概述

近年来，九江市政府认真贯彻落实数字中国、网络强国战略，深入实施数字经济"一号发展工程"，将"双千兆"城市建设作为产业数字化和数字产业化的有力措施，为全面打响"工业互联网、数智新九江"品牌提供坚实的网络支撑，为挺起工业脊梁、打造新型工业重镇提供稳固的数字根基。

九江市基于优质的"双千兆"网络基础设施，将5G+工业互联网的发展作为数据经济双轮驱动之一，目前产业数字化转型全面提速，5G+工业互联网、智慧农业、智慧工厂、智慧医疗、智慧教育、标识解析等应用加速落地，数字治理能力显著提升，加速建设长江经济带数字产业化重要集聚区、产业数字化转型升级重点先行区、场景应用推广先导区、数字营商环境创新示范区、数字经济创新发展高地。

二、建设经验

在推进"千兆城市"建设及"双千兆"协同发展上，九江市主要从以下 4 个方面开展工作。

一是适度超前部署通信基础设施建设。九江市认真贯彻落实工业和信息化部《"双千兆"网络协同发展行动计划（2021—2023 年）》，落实网络强国、数字中国战略，深入实施数字经济"一号发展工程"，积极部署适度超前的通信基础设施建设。引入权威的第三方服务机构（中国信息通信研究院），先后启动"双千兆"网络建设、工业互联网标识解析综合二级节点建设、国际互联网数据专用通道建设。

二是建立新型基础设施建设的协调机制。九江市政府为了推动新型基础设施的建设，设立了九江市信息化工作领导小组，在领导小组的架构下设立工作细则和联席会议制度，统筹推进 5G 建设和应用，协调解决 5G 基站选址难、进场难等问题，必要时实行容缺审批推进 5G 基站建设。住房和城乡建设局、市场监督管理局等部门加大监管力度，确保建设单位、基础电信企业等严格落实光纤到户国家标准和建设工程配建5G 基础设施地方标准，有力推进固定宽带网络和移动宽带网络部署。

三是 5G+工业互联网促进网络与产业深度融合。九江市鼓励基础电信企业、互联网企业和行业头部骨干企业聚焦产业数字化转型，开展面向不同应用场景和生产流程的 5G+工业互联网应用。注重典型应用的示范推广，以现场会、推介会等形式组织业内企业参观学习星火有机硅

5G+智能化工等标杆项目，着力提升行业整体数字化水平。此外，推行企业上云活动，2021 年九江市上云企业达到 13000 多家，充分发挥了"双千兆"网络的应用。

四是出台一系列支持政策。九江市出台了《九江市 5G+工业互联网三年计划》《关于组织申报 2021 年九江市 5G+工业互联网专项资金的通知》《九江市 5G 宏基站电费补贴管理办法》等，为 5G+工业互联网创新、应用融合、产业发展、生态打造提供了政策牵引的坚实底座。根据《关于组织申报 2021 年九江市 5G+工业互联网专项资金的通知》，九江市针对工业 App、5G 应用、产业、生态等方面进行资金扶持，促进、牵引九江市 5G+工业互联网高质量健康发展，2022 年对"双千兆城市"建设方面的资金支持超过 1000 万元。

三、成果成效

近年来，在九江市委、市政府的坚强领导下，九江市大力实施数字经济做优做强"一号发展工程"，2021 年数字经济规模达 1427.1 亿元，在各家通信企业的共同努力下，九江市的"双千兆"网络水平持续提升，多项指标保持江西省领先水平，为九江市的产业数字化转型和数字经济发展，奠定了坚实的网络基石。

目前，九江市已实现优质网络广域覆盖。截至 2022 年 7 月，九江市已累计建成 5G 基站超 5254 个，每万人拥有 5G 基站数超 17.8 个。5G 网络已实现区/县（市）城市地区连续覆盖，重点行政村以上地区有效覆盖。九江市累计部署 10G-PON 端口超 3 万个，城市区域 10G-PON 端口占比超 51.5%，具备覆盖超 200 万户家庭的千兆光纤接入能力。同时，"双千兆"用户结构持续优化。截至 2022 年 7 月，九江市 5G 个人终端用户超 140 万户，5G 个人用户普及率达 32.4%；城市区域 500Mbit/s 及以上固定宽带接入用户超 20 万户，约占固定宽带用户总数的 35%。移动和固定宽带用户正在加速向 5G 和千兆宽带迁移，"双千兆"用户占比逐年提升。

同时"双千兆"应用广泛，特别是"5G+工业互联网"应用示范再创佳绩。目前，九江市共整理梳理出 14 个典型应用，涉及纺织服装、绿色食品、电子信息、装备制造、石油化工、新材料等行业应用，也有关系社会民生的智慧应用，场景十分丰富。

一是化工行业。星火有机硅联合九江电信、华为公司、中兴通讯、广东亿迅等企业合作的"基于边缘云的星火有机硅 5G 智慧工厂应用"项目，在工业和信息化部主办的第三届"绽放杯"5G 应用征集大赛上，荣获 5G+工业互联网专题赛一等奖、总决赛二等奖，目前正在进行项目二期的实施。2021 年 5 月 25 日，在江西省工业和信息化厅主办的全省首届化工数字化转型大会上，"星火有机硅 5G+智能化工"项目向省内外化工行业推广，并成功实现了上饶品汉新材料、南通星辰合成材料、湖南恒光科技等企业的复制落地。

二是采矿行业。江西铜业城门山铜矿"基于 5G + 的全流程一体化矿山建设"项目成功入选 2020 年江西省工业和信息化厅 5G+工业互联网示范、2021 年应急管理部 5G+安全生产示范项目，入围全国"5G+工业互联网"集成创新应用，在第三届"绽放杯"5G 应用征集大赛中获得全国总决赛三等奖，并连续两年入围"03 专项"示范项目。

三是电子信息行业。TCL 5G 全连接数智工厂项目以 TCL 空调器（九江）有限公司为引，探索 5G+工业互联网技术在家电制造方向上的融合应用，探究国内 5G 和工业互联网融合应用标准体系，打造家电制造行业 5G 应用新标杆。围绕 TCL 5G 全连接数智工厂、数字化车间、智能仓储、智能化生产等需求，建设面向制造行业应用的 5G 融合网络，建立工业互联网企业内／外网络，实现面向工业互联网＋协同制造的 5G 虚拟企业专网建设，在智能工厂典型业务场景下的集成应用，并形成在业界推广的 5G 工业互联网集成应用整体解决方案，带动九江市制造企业乃至江西省制造产业集群快速实现数字化、网络化、智能化转型升级，从而带来新的经济增长点。

四是智慧医疗和教育行业。九江市第一人民医院与九江电信签订了 5G 战略合作协议，将院内 HIS[1]、PACS[2]、LIMS[3]、微信支付等核心业务部署在中国电信天翼医疗专属云上，成功迈入了 5G+智慧医疗行列。在教育方面，九江市也搭建了"5G+VR"远程互动课堂教学组。

五是智慧旅游行业。庐山西海的 5G+智慧旅游项目，以最新的信息技术为基础，借助互联网、移动互联网、云计算、大数据、物联网、人工智能等技术，全面提升庐山西海旅游产业的竞争力。

江西蓝星星火有机硅联合九江电信共同打造的"5G+智能化工项目"，依托 5G MEC、数字孪生、人工智能等技术，打造了"5G+动设备预测性维护""5G+智慧安监""5G+无人机样品送检""5G+天地一体化巡检""5G+机器视觉"等十大 5G 场景应用，实现了对生产数据、人、机、物等的全方位监测，形成江西省省内化工行业首个"5G+智能化工"解决方案。项目落地后，设备维护成本每年至少降低 50 万元，单条生

1　HIS（Hospital Information System，医院信息系统）。

2　PACS（Picture Archiving and Communication System，影像存储与传输系统）。

3　LIMS（Laboratory Information Management System，实验室信息管理系统）。

产线减员 10 人以上，新增效益预计 10000 万元以上，新增利润 2000 万元左右。

数字孪生工厂平台　　　　作业人员监测　　　　AI安防监测　　　　动设备在线监测

AI质量监测　　　无人机送检/巡检　　　5G智能手机巡检　　　5G机器人巡检

TCL 空调器（九江）有限公司"5G+全连接数智工厂"，依托 5G MEC 技术将园区内的 4G/5G 网络与 TCL 工业内网融合互联，构建了"有线+无线"一张网的数据连接基座。通过 AGV 与制造执行系统（Manufacturing Execution System，MES）的互通、AI 智能视觉检测等技术智能协同，实现工厂生产的可视化、均衡化和协同化。项目落地后，每年人工成本节省 100 万元，不良品率降低 0.3%，产线效能提升 15%。

九江石化 5G 智能工厂项目由中国石油化工股份有限公司九江分公司联合九江移动共同打造，依托 5G、VR/AR、人工智能、物联网等新一代信息通信技术，旨在建设"全息化"企业生产安全管控一张图，全面提升生产管理效率，进而为能源化工企业提供全新的调度指挥体验。该项目实现 5G、NB-IoT、VR 全景监控、AR 辅助巡检等技术在石化复杂工业环境的应用，结合 5G+边缘计算、大数据等技术，构建 5G+VR/AR 三维立体平台，形成全方位安全生产应急指挥管理体系，实现提高数据采集率 20% 以上，气体检测可靠性 95% 以上，提升了企业在安全、环保、设备管理方面的工作效率，降低了企业运营管理的成本，提高了安防能力，降低了事故概率，保护了员工的生命财产。该项目在国内首次用于石化企业生产流程、安全管理等环节，有助于在石化行业建立新一代通信标准，也在国内流程化工制造行业树立了首个 5G 智能制造的示范标杆。

四、未来规划

　　九江市将坚持以习近平新时代中国特色社会主义思想为指导，深入学习贯彻党的十九大和十九届二中、三中、四中、五中、六中全会精神，把习近平总书记视察江西重要讲话精神作为总方针、总纲领、总遵循，聚焦"作示范、勇争先"目标定位和"五个推进"重要要求，主动适应新发展阶段，贯彻新发展理念，融入新发展格局，力争经济社会发展取得新成就。九江市将进一步加大"双千兆"网络建设支持力度，通过《九江市移动通信基础设施建设与改造实施办法》，要求各级政府机关、企事业单位和公共机构等所属公共设施向通信机房、5G 基站、室内分布系统、杆路、管道及配套设施等建设开放。九江市积极排查通信基础设施的弱点、盲点，鼓励基础电信企业积极争取资源，通过电信普遍服务和"双千兆"网络建设，推动"双千兆"网络进一步向有条件、有需求的农村地区、偏远地区覆盖。

通过智慧养老加大"双千兆"网络普惠力度。九江市鼓励基础电信企业面向老年人、残疾人等群体推出优惠资费措施，提供特殊群体的无障碍服务，提升服务质量，让群众普遍享受数字经济的便利。聚焦群众关切，推动"双千兆"网络与教育、医疗等行业的深度融合，提升农村教育和医疗水平，促进基本公共服务平等、公开。

大力培育 5G+工业互联网的发展。九江市推动本地企业上云用智，通过快捷的网络应用，带动产业数字化提升，提高企业市场竞争力。利用现有的中国电信星火5G创新实验室、"5G+工业互联网"联合创新中心，通过场景的细化和区分，将成熟的应用向行业推广，向产业推广，不断拓展"双千兆"网络应用场景。

千兆城市-上饶

　　上饶，地处江西省东北部，毗邻浙江、安徽、福建，总面积 2.28 万平方千米，下辖 12 个县（市、区），212 个乡镇（街道），总人口 792 万人。上饶孕育了万年稻作文化、千年书院文化、百年红色文化等独具魅力的饶信文化，理学大师朱熹、铁路之父詹天佑、无产阶级革命家方志敏都是杰出代表。上饶有两条高铁十字骑跨式交会，东西方向是上海至昆明的沪昆线，南北方向是北京到福州的京福线，高铁总里程超过 300 千米，被国务院定为全国性的综合交通枢纽。上饶有 3 个 5A 级景区、33 个 4A 级景区，有被习近平总书记誉为"三清天下秀"的三清山，有我国最大的淡水湖——鄱阳湖，有我国最美的乡村之一——婺源，有武夷山脉最高峰——黄岗山。铅山武夷山被列入世界自然与文化遗产和国家公园，三清山、龟峰被列入世界自然遗产和世界地质公园。

　　2021 年，上饶全市生产总值 3043.5 亿元，全年全市财政总收入达到 441.8 亿元，人均地区生产总值 47081 元，第一产业增加值 316.9 亿元，比 2020 年增长 7.1%；第二产业增加 1200.9 亿元，增长 8.4%；第三产业增加值 1525.7 亿元，增长 10.0%。三次产业结构为 10.4 : 39.5 : 50.1。

三清山

婺源

一、发展概述

上饶市委、市政府大力实施数字经济"一号发展工程"，高度重视千兆城市建设，以千兆城市建设为切入点，全面加快数字新基建、平台建设、产业培育、应用推广等发展步伐。上饶市落地了一批"国字号"项目，上饶国际互联网数据专用通道获批建成运营，填补了江西省无国际通信专用通道的空白；光伏行业工业互联网标识解析二级节点成功上线，并接入国家顶级节点运营；成功争取工业和信息化部车联网身份认证和安全信任试点等项目，并成功入选 2021 年中国数字经济百强市榜单。

二、建设经验

强化顶层设计，加大政策扶持。上饶市先后出台了《关于深入推进数字经济做优做强"一号发展工程"的实施意见》《关于加快推进 5G 发展的若干意见》《上饶市"项目大会战"（2021—2023 年）实施方案》《上饶市工业互联网创新发展三年行动计划》等一系列政策文件。设立 1 亿元专项资金，用于支持 5G 基站电费补贴、千兆网络建设及平台创建、产业发展、融合应用、人才培育等，加大政策扶持力度。通过政策扶持，上饶市强力推进千兆城市建设和产业发展、应用推广等。

抢抓基础设施建设，夯实网络基础。上饶市作为国内首批"宽带中国"示范城市，按照"政府引导、行业推进、统筹规划、适度超前、共建共享"的思路，推动千兆网络适度超前建设。创新设立了 5G 通信综合服务窗口，实现千兆网络基础设施同水、电、气等市政设施"多图联审、一站服务"。专门成立了 5G 通信基础设施建设工作小组办公室，安排专人负责 5G 基站站址报建审批、疑难站址化解、公共资源开放、供电需求满足等问题，定期梳理问题清单，并进行通报，督促各地各部门按期解决，超前完成千兆城市建设目标。

着力打造平台，完善平台体系。上饶市先后成立了中科院云计算中心大数据研究院、中国电信（江西）工业互联网研究院上饶分院、江西省网络安全研究院上饶分院、江西移动产业互联网研究院上饶分院等一大批创新平台。引进、建设了一批大数据、工业互联网和物联网等数字化赋能平台，不断提升平台功能，完善多层次平台服务体系，以平台支撑 5G、工业互联网等应用和产业发展。

深入推进应用，以用促建。上饶市以融合应用为切入点，大力培育工业大数据等应用场景，深入开展 5G、工业互联网等应用，以用促建。重点围绕工业、农业、服务业、智慧消防、智慧城市等，进行示范推广，以点带面，促进千兆网络技术和经济社会深度融合，一大批项目入选国家、省级试点示范。打造了安驰新能源、品汉等 30 余家 5G+工业互联网示范企业，晶科能源太阳能电池组件智能工厂大数据驱动全流程融合应用项目成功入选国家级试点示范，爱驰汽车以工业 4.0 的标准，建设"数字孪生"智能工厂。

华为江西云数据中心 （华为在江西唯一的省级云数据中心节点）

爱驰汽车"数字孪生"智能工厂

国家级试点示范——晶科能源太阳能电池组件项目

三、成效成果

在工业和信息化部、江西省通信管理局的指导下，上饶市千兆城市建设取得重大进展。目前，上饶市城市家庭千兆光网覆盖率达 161.5%，城市 10G-PON 端口占比达 50.5%，重点场所 5G 网络通达率达 100%，每万人拥有 5G 基站数达 14.2 个，500Mbit/s 及以上用户占比 31.6%，5G 用户占比 26.6%。

江西安驰新能源科技有限公司"5G+智慧工厂"项目通过在工厂多个车间内架设基于 5G 传输的高清 VR 全景导览系统，搭建 5G 云化 AGV 平台，在企业内搭建 5G 边缘云，通过 MEC 本地分流技术，优化网络结构，实现一网多用。该项目建成后可节省人力维护成本 20%，提高产能 5%；实施 VR 工厂导览后，客户整体信任度较实施前提高 6 个百分点，5G 云化 AGV 平台实施后仓库整体运行效率提高 27%。

安驰新能源 "5G+云化 AGV" 应用

　　凤凰光学股份有限公司 5G 工业互联网应用试点项目通过对厂区所有生产设备进行全面物联，实现生产设备联网，实时数据采集；通过云平台基于工厂生产需求、设备运行状态及设备间协调的大数据深度分析能力，实现产线运行数据监控及生产数据透析、诊断，可以实时对运行情况进行集中可视化监控，实现生产过程的透明化管理；通过大数据分析，对车间内外、不同分厂、不同时间段等的数据进行汇聚分析，实现智慧决策监测；经过设备集中数据采集与监控后可实现上下工序联动运行，减少巡检运维人员近一半，每年可减少人工成本近 40 万元，同时对接各系统数据，可提升运行效率 10%；通过搭建 AGV 无人自动化搬运系统，实现了 AGV 无人物流仓储系统，用 AGV 实现物料的自动运输，实现工厂无人化作业，可将劳动力减至 2～3 人，大大提高了工作效率。

凤凰光学 5G 智慧工厂

江西铜业集团有限公司基于 5G 网络的矿山智能化改造项目通过在露天矿山及井下矿层建设 33 个 5G 专网基站，实现了 5G/4G 融合专网全流程覆盖；针对露天及井下采、送、选全流程智能化应用场景探索，在集团内各子矿山进行复制推广，累计合作金额超 5500 万元；通过智能化改造实现多场景作业减人化，累计减少危险作业区域人员 84 人，每年可减少人力成本 1335 万元，提升工作生产巡检效率 20%，减少设备损耗 10%，实现绿色、智能矿山建设。项目实施后，江铜集团可降低生产运维成本 10%，提升设备运行情况和故障的判断准确率 30%，5G 网络上行大带宽传输速率可达 160Mbit/s，支持远程查看现场超高清视频监控，便于后台监管人员了解现场情况。

江西晶科光伏材料有限公司"5G+智慧工厂"项目采用先进的 5G、物联网及数据采集技术进行"5G+云化 AGV"建设，为光伏行业快速、高效地开展各项功能服务应用提供了统一的应用模式，在提高光伏产业协同制造效率的同时，也降低了运维实施成本；基于采集的设备运

江铜集团远程数据采集

行数据标识解析，结合服务知识，为客户提供了预测性维护维修服务，提升跨产业、不同产品的运维服务质量和水平，提升售出产品的全生命周期的服务能力。查看项目的实际效果，业务响应效率提升 60%，财务利润提升 10%。

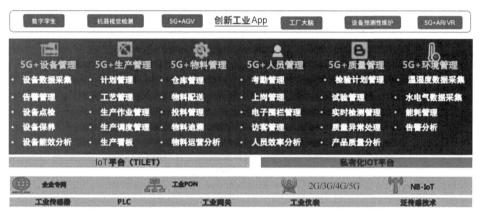

晶科光伏智能工厂总体架构

江西品汉新材料有限公司"5G+智能巡检"项目利用 5G、物联网、边缘计算、大数据等技术助力品汉实现数字化和信息化，为企业可持续发展和提高市场竞争力提供了有力的保障。项目实施后将为品汉节约生产管理成本 1000 万元以上，生产管理成本降低 20%，让原来一些纯值守、环境恶劣的岗位人为差错率下降超 50%，通过技术创新解决了企业管理过程中的核心痛点。同时，通过打造数字孪生平台能够预测或预防生产风险，减少或杜绝企业安全生产隐患，减少企业损失，实现降本增效，特别是原材料的合理利用率提升了 10%，实现了企业"安、稳、长、满、优"的发展目标。

巡检无人机

四、未来规划

上饶市将以"千兆城市"创建为契机，从 5 个方面推动千兆城市建设。**一是优化千兆网络发展环境。**上饶市将建立工作统筹协调和推进机制，强化要素保障，加强规划和政策引导、推进重大项目建设等，优化发展环境，合力推进"双千兆"创新发展。**二是加快网络基础设施建设。**上饶市将加快千兆网络建设和传统基础设施数字化升级，建好用好国际互联网数据专用通道，启动"星火·链网"骨干节点的申报建设，构建高速泛在、天地一体、云网融合、智能敏捷、绿色低碳、安全可控的智能化综合性数字新型基础设施。**三是加速产业集聚发展。**上饶市将创新招商引资方式，促进 5G、工业互联网产业延链补链强链，重点发展 5G 基础元器件及关键材料产业、模组、射频模块、传感器、光通信、智能终端等行业，打造 5G、智能网联汽车产业集群。**四是深化千兆技术应用。**上饶市将聚焦产业数字化转型，开展面向不同应用场景和生产流程的"双千兆"协同创新，加快千兆网络在超高清视频、AR/VR、数字文娱、智慧城市等领域的应用。深入推进 5G+工业互联网、5G+车联网高质量发展，加快形成"双千兆"优势互补、可规模复制的应用模式。**五是强化安全保障。**上饶市将加快安全态势感知平台建设，完善网络安全保障体系和防护措施，以安全保发展，以发展促安全。

千兆筑基 千兆城市建设实践精编

千兆城市-济南

城市名片

　　济南是山东省省会，北接京津冀，南连长三角，东承环渤海经济圈，西通中原经济区，是全国综合效能枢纽，被列入全国十大区域性客运中心、42 个综合交通枢纽节点城市，陆港型、商贸服务型国家物流枢纽承载城市。济南居全国创新型城市第 14 位，拥有省级新型研发机构 58 家，院士专家工作站 200 余家，综合科技创新居山东省首位。"中科系"院所 15 家，高新技术企业 4400 家，首批"科创中国"试点城市。万人有效发明专利拥有量 38.36 件，高新技术产值占比 54.75%。拥有 5 家国家重点实验室、3 家省实验室、102 家省重点实验室，2021 年科学研究和技术服务业投资增长 2 倍以上。2021 年，大数据与新一代信息技术产业规模 5000 亿元，在新一代信息技术装备（服务器）、高端软件、人工智能、集成电路、信息技术应用创新、工业互联网、卫星导航等领域的优势明显。信息技术服务产业集群入选全国首批战略性新兴产业集群，数字经济占比达 45%。

济南拥有全国最大的服务器生产基地，国家超级计算济南中心整体算力规模60PFLOPS，人工智能计算能力1000POPS，综合算力处于国际前列，建成全球首张确定性网络。济南是我国国际化营商环境建设标杆城市，国家营商环境便利度排名全国第九，全国纳税人满意度副省级城市、省会城市排名第一。《中国城市政商关系排行榜》十佳城市，政务环境位居全国第五，改革热度指数排名省会城市第一。

趵突泉风貌

一、发展概述

济南市高度重视通信基础设施建设，组建济南市推进通信基础设施建设工作领导小组，统筹全市通信基础设施建设和保护工作。济南市坚持创新、协调、绿色、共享发展理念，按照政策引导、企业主体、科学规划、市场主导、服务社会保障的原则，加快推进新一代信息基础设施建设。为了推进千兆城市建设，济南市对标《千兆城市评价指标》，加强政策保障，制定济南市推进创建千兆城市的工作方案。持续加大重点区域 5G 网络和千兆光网建设力度，提升千兆城市基础设施发展水平。积极加大宣传力度，进一步推动城市"双千兆"应用创新，2021 年 12 月，济南市成功入选全国首批"千兆城市"。

二、建设经验

济南市在创建千兆城市的过程中，高度重视规划的引领作用，编制《济南市 5G 移动通信基础设施专项规划（2019—2030）》，将 5G 移动通信基础设施建设与城市发展全面衔接，合理确定基站布局标准，科学布局移动通信基站；制定《济南市工业和信息化"十四五"发展规划》，大力推进 5G 网络建设，加快推动重要区域深度覆盖和重点行业专网试点，促进 5G 融合应用和产业创新发展，打造 5G 先锋城市；率先发布《济南市促进 5G 创新发展行动计划（2019—2021 年）》，统筹推进济南市 5G 网络建设，加快 5G 网络布局、示范应用和创新发展；印发《济南市人民政府办公厅关于加强通信基础设施建设与保护工作的通知》，将通信基础设施纳入城市规划，将通信基础设施专项规划纳入国民经济和社会发展规划、土地利用总体规划及城乡总体规划中，加快推进通信基础设施建设，有序引导城乡建设同步配套通信基础设施；制定《关于加快建设工业强市的若干政策措施》，加快公共资源向 5G 基站建设开放，对按时完成 5G 基站建设目标的电信运营企业，根据建设规模和开通数量，给予奖励。

济南市在推动新型通信基础设施建设方面，谋划早、部署实、行动快，注重将 5G 移动通信基础设施建设、千兆光网建设与城市发展全面融合衔接。**一是以"政策引领"推动开放共享。**相继出台智慧城市、5G、人工智能、工业互联网、区块链等创新发展行动计划，构建起"五位一体"的新基建政策推进体系。**二是以"奖补引导"促进试点示范。**在相关配套政策中，明确对 5G 基站建设、直供电改造、5G 产业试点示范项目进行奖励、资金支持。**三是以"协同配合"保障建设效率。**市区两级均成立促进 5G 创新发展工作专班，统筹推进 5G 网络部署和"双千兆"城市建设。**四是以"行业赋能"培育产业生态。**聚焦"千兆城市"赋能高质量发展目标，开展工业互联网牵手行动、5G 应用供需对接会、5G 宣传月等数十场活动，通过"政府搭台、企业唱戏"的形式，推动解决方案提供商与需求方开展面对面沟通洽谈，促进 5G 全方位进社区、进园区、进企业，充分展示 5G 网络建设和创新应用成果，培育壮大产业生态。

三、成效成果

　　济南市作为全国首批中国软件名城、国家人工智能创新应用先导区和新一代人工智能创新发展试验区"双区叠加"的城市，近年来深入实施"工业强市"发展战略，加快推进新型数字基础设施建设，全力打造数字先锋城市。累计建成 5G 基站 3 万余个，在山东省率先实现主城区重点场所 5G 网络通达率达 100%，每万人拥有 5G 基站 24 个，居山东省首位；5G 用户占比超过 38%、5G 分流比达 37.22%，均居山东省首位；城市家庭千兆光纤网络覆盖率达 100%，城市 10G-PON 端口占比超过 50%，500Mbit/s 及以上用户占比超过 33%，固定宽带平均可用下载速率达 64.07Mbit/s，全国主要城市排名第四，山东省排名第一。建设开通国家级互联网骨干直联点济南节点。拥有 10 个规模较大的互联网数据中心，互联网出口总带宽超 30T。拥有山东省唯一"星火·链网"超级节点，建设 6 个工业互联网标识解析二级节点，数量均居山东省首位。工业互联网产业发展走在了全省、全国前列，36 氪研究院发布的《中国城市工业互联网发展指数报告》显示，济南市工业互联网发展位列全国第八。2022 年 1～4 月，济南市数字经济核心产业实现营业收入 1498.36 亿元，同比增长 12.97%。到 2025 年，济南电子信息制造业收入将增加至 2000 亿元，软件和信息服务业收入将增加至 6000 亿元，智能制造与高端装备产业收入将达 7000 亿元，数字工厂达 300 家。济南市将成为国内数字产业化发展核心区、产业数字化转型示范区、城市数字化建设引领区。通信基础设施的建设，有力提升了济南市的信息通信枢纽和信息集散中心地位，为数字经济与实体经济融合发展打下了坚实的基础。

中国移动（山东济南）数据中心占地约 0.59 平方千米，园区总建筑规模 12.5 万平方米，装机容量达到 1.5 万架，是山东省唯一一个获得工业和信息化部综合测评认证均为 4A 及以上的数据中心。该数据中心作为全国云能力五大区域中心之一，已经形成辐射中部大区的云服务能力，将为各行业提供专业、安全的云数据服务，对促进新兴产业培育、助力传统产业升级发挥积极的作用。中国移动（山东济南）数据中心在安全级别、抗震等级、层高承重等方面均处于行业领先地位。该数据中心充分利用自然冷源，选用设备均达到国家Ⅰ级能效标准，运行能源利用效率达到1.3，远低于全国1.49的平均水平，达到工业和信息化部《"十四五"信息通信行业发展规划》中设置的"绿色节能"发展目标，满足了山东省对新建大型数据中心的能源利用效率要求。

国家级互联网骨干直联点是我国互联网网络架构的顶层关键设施，是国家重要的通信枢纽。济南国家级互联网骨干直联点于2021年11月获得工业和信息化部批复，2022年5月完成工程建设、系统联调并投入试运行。建成开通后，省际网间时延、网间丢包率将分别控制在30毫秒、0.01%以下，极大提升了网间通信速度和质量，为工业互联网、大数据中心、智算中心等"新基建"发展奠定坚实的网络基础，对推动济南市乃至山东省数字经济高质量发展具有积极意义和深远影响。

通过对浪潮高端容错服务器生产基地智能工厂进行5G网络接入改造，部署智能制造5G企业专网，释放5G无线技术在工业领域的应用空间，为智能制造带来重大的技术变革。同时利用5G+工业互联网技术的创新应用，不断提升工厂的智能化水平。5G赋能工业视觉质检，替代了人力，质检效率提升了56%，漏检误检率降低了9%。5G赋能无人叉车搬运，利用无人叉车将装配好的服务器从生产车间运送到老化车间，

5G专网为无人叉车提供了连续覆盖的网络环境，能够保证无人叉车在长距离穿越多个车间时仍然能够稳定无卡顿地顺畅运行，配送效率提升了20%。5G赋能操作系统灌装，服务器通过工业网关连接5G专网，自动下载其所需要的软件包进行灌装测试，不仅使网络部署和维护成本降低了25%，还将灌装效率提升了30%。5G赋能机器人巡检，单次巡检时长由2小时缩短到半小时，漏检误检率由千分之一降到万分之一，逐步实现IT、CT、OT三大系统的融合，打造了10个5G应用场景，既保障了生产数据的安全，又提高了运营效率，较应用5G前，工厂产能提升了12%，产品合格率提升了6%，成效显著。

四、未来规划

济南市将持续推动千兆城市建设走深向实，加快推进5G基站建设和千兆光网建设，力争到2025年建成5万个5G基站，实现济南市范围内5G网络连续覆盖和重点场景的深度覆盖，推进重点场景5G网络按需覆盖。推进以千兆光网和5G为代表的"双千兆"网络协同发展，通过组织开展千兆城市示范区、千兆社区（万兆楼宇）评估，力争到

2025 年千兆城市示范区不少于 10 个，千兆小区数量达到 4000 个；升级扩容城域网出口宽带达到 50T，国际互联网数据专用通道出口带宽达到 100G。

济南市将稳步推进"星火·链网"超级节点（济南）建设运营，发挥山东未来网络研究院创新平台的引领作用，打造一批数字化转型示范场景。推进浪潮云洲"双跨"平台做优做强，鼓励龙头企业打造特定行业平台。聚焦冶金钢铁、装备制造、化工新材料等垂直细分行业，围绕行业普遍需求和特定行业痛点，开展平台赋能专项行动。加快企业内网改造升级，开展标识解析推广，培育一批工业互联网园区。

济南市将充分发挥国家级互联网骨干直联点的聚集和辐射作用，以打造数字先锋城市为牵引，大力实施数字经济引领战略，以中国算谷和中国软件名城为依托，深入开展基础硬件"固链"、基础软件"补链"、应用软件"延链"、信息安全"强链"、信息基础设施"融链"、"上云用数赋智"、数字经济招商七大行动，充分释放数字经济发展的放大、叠加、倍增效应，加快打造万亿级数字经济产业发展高地，为新时代中国特色社会主义现代化强省会建设提供强有力的支撑。

千兆城市-青岛

近年来，党中央、国务院高度重视5G和千兆光网建设发展，山东省委、省政府多次召开专题会议，研究推进全省通信基础设施建设工作。青岛市积极落实国家、山东省有关工作部署，以"双千兆"网络为承载底座，加快布局与建设，引领行业创新应用，助力数字青岛建设和数字经济发展。

青岛隶属山东省，是世界啤酒之城、世界帆船之都、全国首批沿海开放城市、国家卫生城市、特大城市，辖区陆地面积11282平方千米，海域面积12240平方千米，是实力强劲的发展高地。青岛产业基础雄厚，拥有39个工业门类和家电、轨道交通装备、汽车等一批千亿级产业链，以及海尔、海信、青岛啤酒、中车四方等一批世界知名企业。2021年，青岛经济总量位居中国北方城市第三，仅次于北京、天津。2022年，青岛启动实施实体经济振兴发展三年行动，着力打造24条重点产业链。青岛作为对外开放的前沿窗口，承担了建设中国—上海合作组织地方经贸合作示范区、山东自由贸易试验区青岛片区等国家战略任务，被赋予打造"一带一路"国际合作新平台的重大政治责任。青岛拥有西海岸新区、蓝谷、高新区、胶东临空经济示范区等多个国家级功能区，是黄河流域的经济出海口和山东面向世界开放发展的桥头堡。青岛是创新创业的活力热土，拥有海洋试点国家实验室、国家高速列车技术创新中心、国家高端智能化家用电器创新中心等多个"国字号"创新平台，拥有29所高校、59家省级以上重点实验室，5500多家高新技术企业、74家上市公司，培育了杰华生物、特来电、卡奥斯等一批"独角兽"企业，人才总量突破250万，创业密度位居中国副省级城市第三。

青岛风貌

一、发展概述

青岛市积极落实《"双千兆"网络协同发展行动计划（2021—2023年)》，超前谋划、迅速响应，率先启动创建国家"千兆城市"，制定政策措施，发挥近年来在工业互联网方面的先发优势及对"新基建"的撬动作用，前瞻性布局 5G、千兆光网等新一代信息通信基础设施，提升 5G 和千兆光网的网络供给能力。2021 年 12 月 24 日，首届"千兆城市"高峰论坛在青岛举办，青岛与广州、深圳、武汉等 29 座城市获评全国首批"千兆城市"。

二、建设经验

一是顶层设计强基，明确"双千兆"城市建设新方向。青岛市先后出台了与 5G 产业发展行动、5G 移动基站设施专项规划、争创千兆城市实施方案等有关的政策文件，强化顶层设计，加快推进 5G 基站设施规划建设，打造"5G+"融合创新应用生态圈；引导各级政府机关、事业单位、国有企业所属公共资源全面开放，为 5G 建设提供便利和支持；鼓励市民使用 5G 套餐、500Mbit/s 以上宽带网络；从基站建设、园区试点、场景示范等方面加大财政投入。青岛市对电信运营商采取独立组网模式的新建开通 5G 基站给予每个 1 万元的资金支持；鼓励电信运营商建设 4K 应用示范小区，按投入比例给予最高 300 万元的资金支持；支持开展 5G 场景示范评选与推广应用，对入选市级"5G 十佳场景示范"的示范项目给予一次性奖励。2020 年至今，青岛市累计给予财政资金支持 2168 万元。

二是基础支撑固本，构筑"双千兆"网络建设新生态。针对建设维护难、进场施工难、商务楼宇垄断、物业收取高额费用等长期难以解决的难点问题，青岛市制定基站建设任务、公共资源免费开放、基站保有协调、电费协调清单及服务事项流程"四张清单，一个流程"，梳理问题 3212 条，周调度、月通报，推广经验做法，激励和鞭策各区市、各部门比学赶超，加快解决问题，按期完成任务。联合中国工业互联网研究院建设国家工业互联网大数据中心山东分中心，在山东省通信管理局的指导下成立青岛通信网络保障中心，为做大做强"双千兆"生态应用产业提供机制保障。

青岛 5G 基站建设

三是创新推广赋能，培育"双千兆"网络融合新产业。青岛市持续开展试点示范，抓好创新模式的应用推广，打造"双千兆"网络融合应用新产品，辐射带动生产方式、消费方式、生活方式、经营管理方式、城市治理方式的数字化变革。选取中德生态园、轨道交通产业示范区等，在建设低时延、高可靠、广覆盖的"双千兆"网络基础设施等方面开展试点示范。依托山东黄金、青岛港、海尔等全国性示范项目的带动效应，青岛市逐步扩大市场规模，将核心任务转为从数据中沉淀知识和价值，通过生态赋能的模式带动"双千兆"网络应用降本增效，实现对商业合作模式的重塑。

三、成效成果

一是承载能力增强，适度超前布局网络建设。截至目前，青岛市建成开通 5G 基站 2 万余个，占山东省的 1/5，开通数量居山东省第一，青岛市 5G 用户达 517 余万户，规模在山东省排第一。青岛市重点场所

5G 网络通达率达 99.17%，5G 用户占比达 41.72%，5G 网络已实现主城区全面覆盖、区市城区连续覆盖，固定和移动网络普遍具备"千兆到户"的能力，5G 网络质量全国领先。

二是选树典型标杆，赋能垂直行业场景应用。青岛市在建"双千兆"网络产业与应用项目 100 余个，总投资额超过 102 亿元。围绕工业互联网、高新视频、智慧海洋等十大典型应用领域，遴选了一批行业应用标杆项目，获批 5G 应用国家试点项目 8 个，"5G+工业互联网"典型应用案例 4 个，占比高达全国的十分之一。近年来，青岛市涌现出山东黄金"金矿井下全流程智能化"、青岛海尔"自动化精细化家电产品质量管理"、青岛银行"5G 智慧银行项目"、青岛港"5G 智慧港口应用项目"等一大批在全国推广的优秀案例。

三是以建促用 + 以用促建，融合赋能。青岛市深化城市家庭、重点区域、重点行业的"双千兆"网络覆盖，鼓励各地因地制宜地推动"双千兆"在当地特色产业中的融合应用。例如，青岛港 5G 智慧港口，通过在港口部署 5G 专网，对 21 台轨道吊的自动化远程控制进行了改造，改造前每台轨道吊需要 4 名司机轮班，改造后 1 名司机可操作 3 台轨道吊，每年节约人工成本约 840 万元，节省电力约 50 万千瓦时。例如，琅琊镇"平安乡村"示范村为 36 户村民安装家庭安防产品，开通 12 条家庭千兆宽带，提供"7×24"小时安全监控服务，有效满足了村民看家护

山东港口青岛港 5G 智慧港口应用系统建设项目

院、守护财产的刚性需求，让乡村治理更智能、更高效。

四是拓展实践领域，深入挖掘行业应用延伸。一方面，青岛市面向社会广泛征集 5G 在垂直行业的应用案例，编制案例集，打造引领标杆。定期举办"5G+行业应用"主题沙龙活动，推广 5G 在远程设备操控、机器视觉检测等典型场景中的应用。另一方面，青岛市从制造业延伸到信息消费、社会民生、数字政府领域，推 5G 进万家、开展千兆光网工程建设，在重要场景推进千兆光网的应用，提升对在线教育、远程医疗、智慧家居等新模式的网络支撑能力。

五是对标头部城市，打造全光智慧城市青岛样板。近年来，全面推动城市数字化转型正成为国内一线城市新一轮发力博弈的焦点。上海市升级千兆光网，率先打造全光智慧城市"千兆第一城"。深圳市成为全球第一个 5G 独立组网全覆盖的城市，重点场所 5G 网络通达率达 91%，每万人拥有的 5G 基站达 28.5 个。与沪深等头部城市同步同频，青岛市提出打造全光智慧城市岛城样板，构建了青岛全城 1 毫秒、胶东半岛 3 毫秒的超低时延圈，以支撑青岛全球海洋中心城市、世界工业互联网之都的建设。

六是聚焦数字化转型，加快推进"工赋青岛"专项行动。2021 年以来，依托"双千兆"网络底座的优势，青岛市聚焦制造业数字化转型，加快推进"工赋青岛"专项行动，满足企业快速"上云用平台"的需求；聚焦城市管理领域，加快建设智慧交通、智慧停车等应用场景，提升城市治理水平；聚焦民生领域，推动"双千兆"网络与教育、医疗等行业深度融合，提升对在线教育、远程医疗等的网络支撑能力，满足行业的互联网使用和管理需求，促进基本公共服务均等化。

七是获批国家级互联网骨干直联点，夯实"新基建"基础。2021

年 11 月，工业和信息化部批复同意在济南市、青岛市设立国家级互联网骨干直联点。该直联点建成后将具备全国范围内的网间通信流量疏通能力，开通后省际网间时延将控制在 30 毫秒以内，网间丢包率将控制在 0.01% 以下，极大地提升了网间通信速度和质量，为工业互联网、大数据中心等"新基建"发展奠定坚实的网络基础，进一步增强胶东半岛乃至山东地区宽带网络基础设施的支撑能力。

四、未来规划

青岛市将以首批"千兆城市"批复为新起点，面向"十四五"这一工业经济向数字经济迈进的关键时期，引领和带动其他城市加快推动"双千兆"网络在工业、交通、教育、医疗、城市治理、应急保障等行业融合创新应用，开启基础完善、供需互促、创新融合、应用丰富的"双千兆"建设应用新局面。一是落实上级部署，按照各级发展行动计划要求，完善地方政策措施，稳妥有序地开展 5G 和千兆光网建设覆盖，推进通信设施共建共享，在城市及重点乡镇和农村进行部署，在薄弱区域开展改造升级。二是争设全业务国际通信业务出入口局，《山东省信息通信业"十四五"发展规划》将青岛市全业务国际通信业务出入口局列入重点建设工程，下一步推动项目落地及做好各项服务保障工作。三是提升"双千兆"网络应用水平，因地制宜推动"双千兆"在特色产业中的融合应用，在工业、交通等典型行业开展千兆虚拟专网建设，打造一批智慧工厂、智慧农业、在线教育等领域应用场景和典型案例，推广"双千兆"应用优秀案例，助推数字经济蓬勃发展。

千兆城市－日照

  日照，因"日出初光先照"而得名，位于山东省东南部黄海之滨，隔黄海与日本、韩国相望，下辖东港区、岚山区两个区，莒县、五莲县两个县，拥有常住人口 296.8 万人。近年来，日照荣获"联合国人居奖""全国文明城市""国家园林城市""国家卫生城市""国家节水型城市""国家环境保护模范城市""全国社会治安综合治理'长安杯'""全国双拥模范城""中国优秀旅游城市""国家级海洋生态文明建设示范区""国家级生态保护与建设示范区""国家可持续发展先进示范区""全国绿化模

范城市""全国社会治安综合治理优秀市"等称号。

　　日照，既古老又年轻。日照是龙山文化的重要发祥地和世界五大太阳文化起源地之一，莒县陵阳河遗址出土的原始陶文早于甲骨文 1500 多年，"勿忘在莒"的典故就源自莒县。日照有 4000 多年前亚洲最早的城市——两城，有树龄近 4000 年的"天下第一"银杏树。日照 1989 年设立地级市，刚过"而立之年"，发展潜力巨大。

　　日照，既拥山又面海。日照有"人到浮来福自来"的浮来山，有被苏东坡誉为"奇秀不减雁荡"的五莲山，有"奇如黄山、秀如泰山、险如华山"的九仙山。日照有 168.5 千米的海岸线，有 50 多千米的优质金沙滩，有面积为 800 万平方米的海滨国家森林公园，有日照港和岚山港两个国家一类开放口岸，日照港 2021 年货物吞吐量达 5.4 亿吨，居全国沿海港口第 6 位。

　　日照，既传统又时尚。日照是齐文化、鲁文化、楚文化、莒文化 4 种文化的交会地，此外，还有东夷文化、太阳文化、红色文化等人文历史文化。日照每年举办几百场体育赛事，形成了"春打太极拳、夏开水运会、秋跑马拉松、冬办体操节""四季打网球、全年下围棋"的氛围。

一、发展概述

近年来，日照市委、市政府坚持以习近平新时代中国特色社会主义思想为指导，认真贯彻落实数字中国、网络强国战略，全面落实工业和信息化部《双千兆网络协同发展行动计划（2021—2023年）》，坚持"建用并举"，深入实施数字经济倍增行动，优化发展环境，厚植发展土壤，全面推进"双千兆"网络体系建设。同时，依托优质的"双千兆"网络，持续开展"双千兆"赋能行动，智慧城市、工业互联网、远程诊疗、智慧农业、无人港口等千兆应用场景相继落地。城市治理体系和治理能力现代化水平稳步提升，新型信息消费水平显著提高，传统产业转型升级全面提速，为加快建设美丽富饶、生态宜居、充满活力的现代化海滨城市，谱写日照精彩蝶变新篇章提供了强有力的网络支撑。

二、建设经验

（一）加快完善政策体系，优化发展环境

一是建立"双千兆"建设协调机制。日照市成立了以市委书记、市

长为组长的领导小组，全面统筹数字日照、"双千兆"建设；建立了发展和改革委员会、住房和城乡建设厅、交通运输厅、行政审批局等 17 个部门联合推进机制，协调解决建设中的难点、堵点问题；制定了《5G 网络建设督查方案》，建立负面清单督办制度；制定了《灯杆资源向 5G 建设开放流程》，规范公共资源免费开放流程。**二是规划引领，适度超前布局。**编制完成了《日照市 5G 通信基站专项规划（2020—2022 年）》《日照市通信基础设施专项规划》等一系列专项规划，并纳入《日照市国土空间发展战略规划》。**三是完善发展政策体系。**出台了《日照市加快 5G 创新发展行动计划》《日照市加快 5G 创新发展行动计划》《日照市双千兆赋能行动计划（2022—2024 年）》等一系列政策文件，从建设到应用制定了一系列促进政策。**四是营造良好发展氛围。**先后组织了 5G 网络连片覆盖新闻发布会及开通仪式、"5G 进万家"惠民活动、世界电信日 5G 高峰论坛、电信环保宣传日、千兆应用展览体验等系列活动，全面提升用户对"双千兆"的认知度，为"双千兆"发展营造了良好的氛围。

（二）加快推进资源整合，谋求突破性发展

一是加快推进"共建共享"。与中国铁塔公司签署了战略合作框架协议，由中国铁塔公司统筹全市社会站址与现有铁塔资源，实现挂高资源复用共享。出台了《日照市建设项目竣工联合验收及备案实施方案（修订）》，将"双千兆"建设纳入联合验收事项，实现了同步规划、同步设计、同步施工、同步验收。**二是全面落实"双千兆"建设优惠政策。**细化支持 5G 创新发展的政策措施，推动政府、国企公共资源向"双千兆"建设免费开放；制定"双千兆"建设电价优惠政策，将未按规定落实电价优惠政策、破坏通信基础设施建设等行为列入负面清单，进行督办落实，

并面向全社会征集线索，日照市发展和改革委员会、市场监督管理局进行执法检查；支持各电信运营商争取更多的设备资源向日照倾斜。**三是鼓励引导个人产权楼顶等天面资源开放。**加大通信基础设施安全保护政策法规和知识的宣传普及力度，提高市民对基站安全辐射的认知度。

（三）加快"双千兆"应用，赋能"千行百业"

一是完善创新应用平台。把 5G 应用作为加快传统产业转型升级高质量发展的重要手段，结合产业特点，积极推动 5G 技术与城市治理、制造业、医疗、融媒体等重点领域融合创新，已先后成立了 10 余个创新应用实验室（基地）。**二是建设典型示范项目建设。**与山东省运动会、魏牌汽车、日照港等重点建设项目融合，打造千兆典型应用场景，形成一批可复制、可推广的"双千兆+"优秀解决方案。**三是加快"双千兆"普惠应用。**实施"5G 进万家"惠民活动，扩大 5G 用户数量；引导海汇、五征等 200 多家企业与电信运营商达成 5G 应用合作协议；每年实施 100 个以上"两化"融合重点项目。**四是加快建设千兆应用本地化支撑能力。**围绕千兆产业链上下游招引培育一批 5G、人工智能、大数据、云计算、高端软件骨干企业，形成协同发展的产业格局。

三、成效成果

通过政策引导、产业协同"双管齐下"，日照市"双千兆"网络水平不断提高，应用创新成果显著，进一步促进了传统产业转型升级，培育了日照数字产业新业态、新模式，提升了数字经济发展水平。

一是双千兆建设持续向深度、广度覆盖。日照市累计建设 5G 基站

6286 个，每万人拥有的 5G 基站达 21 个，城市重点场所 5G 网络通达率达 100%，行政村 5G 网络通达率达 38% 以上，城市家庭千兆光纤网络覆盖能力达 98%，城市 500Mbit/s 及以上宽带接入用户数占所有固定宽带用户总数的比重为 26.3%，城市万兆无源光网络（10G-PON）及以上端口超过 5 万个，占所有 PON 端口总数的 26.6%，5G 用户数量达 102 万户，占所有移动宽带用户数的 34.4%。

二是培育典型应用场景。日照市人民医院"5G+多端远程诊断系统"、莒县中医医院"中医诊疗"等 5 个项目入选国家"5G+医疗健康"应用试点项目，山东贝宁电子科技开发有限公司的智慧斑马线等 9 个项目被列为省级"现代优势产业集群+人工智能"试点示范项目。此外，日照市成功培育了创泽、比特智能客控、钻集网、石材圈、曙光等一批具有本土特色的工业互联网平台。

日照市委、市政府打造了"城市大脑"平台，通过业务系统打通融合、基础数据资源共享，为日照市数字政府建设提供视频监控、物联感知及时空信息等共享资源，同步建设完善的标准规范体系、安全保障体系和组织运作体系，夯实云、网、端城市支撑底座，建设数据、业务一体化赋能系统，高效赋能应用场景。主要建设内容包括城市支撑底座、数据和业务赋能层、一体化平台赋能层。依托"城市大脑"平台，日照市推出了"日照政通"App 和"爱山东·日照通"App，分别作为政府治理和城市服务的统一掌上服务平台。

日照魏牌汽车有限公司打造 5G 智慧工厂，利用 5G 网络的低时延、大带宽、广连接等特点，针对重复性、低效率、危险高的作业场景，开展 5G 技术在无人叉车、机器视觉、AR 远程诊断、智能参观等场景的方案研究，以数据驱动汽车行业降本增效，实现互联工厂全流程信息自感知、全要素自决策、全周期场景自迭代。5G 智慧工厂先后获得 2021 年度 5G+工业互联网应用标杆、第四届"绽放杯"优秀奖、第一届中国新型智慧城市创新应用大赛"智胜奖"等奖项。

魏牌汽车生产车间

日照港（集团）有限公司利用 5G 及边缘计算技术，实现无人集卡远程驾驶，这是国内领先的、具有应用意义的 5G 示范应用工程；利用激光雷达、交通雷达、摄像头等多路口感知设备，自主设计建设国内领先的 V2X 车路协同解决方案；研究基于国产核心控制器的无人集卡车线控改造技术和电控方案，实现无人集卡自动驾驶；突破不同车型的统一车辆调度、自动行驶、自动作业等技术难题，开创性融合多种车型编队进行水平运输。通过 5G 技术提升企业服务质量，缩减人力成本、培训周期，降低人工作业强度和安全风险，实现港口自动化、智能化、无人化升级转型。

日照港无人自动装卸

莒县人民医院和青岛大学附属医院合作，利用中国首台自主研发的外科手术机器人，通过 5G 远程技术，精准复现远端医生手术动作，准确到达身体部位，并完成对病灶的精准切除，已先后为 14 名患者实施 5G 远程机器人手术治疗。同时通过 5G 直播系统，把莒县人民医院手术室场景同步到青岛大学附属医院手术操作现场，使手术主刀医生与手术助手在几乎零时延的环境下实时互动。两家医院探索了 5G+医疗的新模式，为分级诊疗、智慧医疗、医联体建设及精准医疗帮扶提供了新方案。

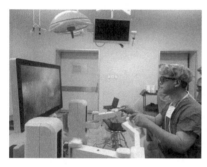 

青医附院主刀操作台　　　　莒县人民医院机器人手术现场

山东迈尔医疗科技有限公司依托 5G 技术，打造数字化智造齿科云共享设计服务平台，主要服务于口腔门诊，以远程辅助口腔医生快速完成椅旁即刻修复体设计，致力于打造集职业技能培训、竞技行动、云设计、大数据运营 AI 设计、耗材展示和销售、物流整合系统、加工数据下单直传加工、生产管理控制、金融和保险服务及产业链结算（支付）等功能于一体的综合性工业互联网服务平台。

四、未来规划

日照市将擦亮"双千兆"城市招牌，加速释放其在网络建设、惠民利企和创新应用等领域的基础支撑和辐射带动作用。

（一）推动"双千兆"网络协同部署

一是实施 5G 精品网络建设。日照市将加快 5G 网络规模化部署，支持 5G 网络利用中低频段尽快完成基础网络覆盖并形成业务能力，推进 5G 市场多元化发展。重点加快中心城区、重点区域、重点行业的 5G SA 网络覆盖。**二是实施千兆光网升级。**日照市将分片区、分批次开展千兆光纤网络能力升级，完成县级以上城区及乡镇 10G-PON 设备大规模部署。加快城镇老旧小区光分配网千兆接入能力升级，实现万兆到楼（小区）、千兆到户。加快完善政府办公区、重点产业园区、商务楼宇及学校、医疗卫生机构等场所千兆光纤网络覆盖，实现百兆到园区、千兆到桌面、万兆到楼宇。

（二）开展"双千兆"惠民利企行动

一是开展优惠加速行动。日照市将构建"网络＋平台＋应用"固移融合的"双千兆"业务体系，针对企业用户和家庭用户推出"双千兆"优惠加速计划，以应用牵引和营销引导共同促进用户向 1000M 及以上高速宽带和 5G 网络迁移。**二是开展服务提升行动。**日照市鼓励和引导基础电信企业制定并完善企业 5G 及千兆光网服务标准，加大对实体电信营业厅、客服热线等一线窗口的服务考核力度，切实提升"双千兆"服务质量。

（三）开展"双千兆"应用牵手行动

一是打造应用场景。日照市将发挥 5G 和千兆光网的差异化特点，组织有需求的行业头部企业、骨干企业与基础电信企业开展合作，在工业互联网、智慧交通、智慧园区等重点行业打造"双千兆"典型应用场景，形成一批可复制、可推广的"双千兆"部署方案。**二是开展对接活动。** 发挥行业协会、联盟的桥梁纽带作用，结合"云行齐鲁""两化融合深度行""数字专员培训"等传统品牌活动，组织开展线下对接，加快"双千兆"网络部署应用及新技术等方面的经验交流和推广。

千兆城市—日照

千兆城市–武汉

　　武汉，又称江城，中国中部地区中心城市，湖北省省会，长江中游特大城市，长江经济带核心城市，全国重要的工业基地、科教基地和综合交通枢纽，享有"东方芝加哥"的美誉。武汉现辖13个行政区、3个国家级开发区，管辖面积8483平方千米，常住人口约1364.89万人。

　　2021年，武汉市统筹常态化疫情防控和经济社会发展，统筹发展和安全，努力填补因新冠肺炎疫情造成的损失，把经济应有的正增长追回来，让经济发展重回"主赛道"，让高质量发展取得新成效。2021年，武汉市实现地区生产总值17716.76亿元，比2020年增长12.2%，占全国、湖北省的比重分别达到1.55%、35.42%。其中，第一产业增加值为444.21亿元，第二产业增加值为6208.34亿元，第三产业增加值为11064.21亿元。按常住人口计算，武汉市人均地区生产总值为135251元，城镇居民人均可支配收入为55297元，农村居民人均可支配收入为27209元。

一、发展概述

　　武汉市网络基础设施健全、应用场景丰富多元、产业链上下游完备，具有良好的千兆城市建设基础。近年来，武汉市政府深入贯彻网络强国战略，充分发挥光通信产业链集聚、科教人才汇聚、应用场景丰富等优势，抢占"双千兆"发展机遇，协同部署千兆光网和5G，加大"双千兆"应用创新力度，持续扩大千兆光网覆盖范围，加快推动5G独立组网规模部署，深化电信基础设施共建共享，实现关键指标全国领先，信息基础设施建设水平取得新进展、实现新突破、跃上新台阶，并在教育、医疗、信息消费、城市公共管理、制造业等垂直行业形成典型应用。基于优质的"双千兆"网络，武汉市的新型信息消费水平稳步提升，产业数字化转型全面提速，工业互联网、车联网、在线健康医疗、在线教育、数字文化旅游服务等应用加速落地，城市治理体系和治理能力现代化水平显著提升。

二、建设经验

　　在推进"千兆城市"建设及"双千兆"协同发展上，武汉市认真贯彻落实工业和信息化部《"双千兆"网络协同发展行动计划（2021—2023年）》部署要求，主要从3个方面开展工作。

　　一是强化政策配套。 在"十四五"规划中，以千兆光网和5G为代表的"双千兆"网络协同发展是重点发展方向。武汉市先后出台了《武汉市移动通信5G基站布点专项规划（2020—2025）》《武汉市突破性发展数字经济实施方案》《武汉市"双千兆"2022年度工作方案》《武汉市推进 5G+工业互联网发展打造未来工厂行动计划（2021—2023 年）》、《武汉市推动光通信产业创新发展的若干政策》等一系列支持政策，推动"双千兆"网络高质量协同发展。

二是加强资金支持。 在基础设施、融合应用、技术创新、产业生态、安全保障等方面，武汉市谋划实施了一批重大项目，近 3 年累计投入超过 15 亿元，对全部规模以上企业实施智能化诊断，树立智能化应用标杆，支持智能化项目 120 多项，带动社会投资 1000 亿元以上，激励"双千兆"网络快速发展。武汉市与 3 家电信运营商和中国铁塔湖北分公司签订合作备忘录，对 5G 建设给予奖补支持，提高电信运营商投资的积极性，鼓励电信运营商主动向上级公司争取资金、政策，加快 5G 网络建设。武汉市将 5G 作为开展数字经济产业创新攻关"揭榜挂帅"行动的重点领域之一，每年发布 10 个重点任务，对揭榜并取得相应成果的单位进行资金奖励，引导支持 5G 产业创新发展。

三是重视社会宣传。 武汉市积极承办第四届"绽放杯"5G 应用征集大赛湖北区域赛决赛，旨在发挥行业需求和企业创新主体作用，全方位推动 5G 产业发展，催化湖北省 5G 商业应用进程。大赛引发了行业的广泛关注，来自 17 个地市（区、州）的 207 个项目参与评比，覆盖工业、医疗、交通、农业、金融等 10 余个行业。聚焦"双千兆"新赛道，承办第十八届"中国光谷"国际光电子博览会暨论坛，集中展示了光通信与 F5G 通信、激光与智能制造、光学与精密光学三大板块，签约 27 个重大项目，涵盖半导体、激光、人工智能、量子信息等多个细分领域，签约总额达到 306 亿元，创历届国际光电子博览会新高。中国 5G ＋工业互联网大会是全国 5G+工业互联网领域唯一的国家级大会，继 2020

年武汉市成功举办之后，2021 年中国 5G+工业互联网大会于 2021 年 11 月 19～21 日在武汉市成功召开。大会以"5G 赋能 百业互联 智领未来"为主题，聚焦 5G 与工业互联网融合创新，大会展示和分享了武汉市"5G+工业互联网"的应用案例、突出成效和实践经验，密集发布了一批重量级新成果，集中签约了一批省市重大数字经济项目，精彩亮相了一系列最新实践最新产品，积极营造了一幕幕浓厚的宣传氛围。

三、成 果 成 效

截至 2022 年 6 月，武汉市每万人拥有基站数超 22 个，城市地区 5G 基站密度达每平方千米 25.94 个，重点场所 5G 网络通达率达 100%，已经实现 5G 网络中心城区室外高质量覆盖、新城区重点区域连续覆盖，农村行政村 5G 网络基本实现全覆盖。同时，武汉市市区部署 10G-PON 端口数已超 21 万，市区 10G-PON 端口占比达 59%，市区具备千兆接入能力的家庭超 630 万户，已基本实现城区千兆光网全覆盖。

武汉市移动和固定宽带用户正在加速向 5G 和千兆宽带迁移，"双千兆"用户占比逐年提升。截至 2022 年 6 月，5G 个人终端用户数达 696 万，5G 个人用户普及率突破 51%；固定宽带用户中，500Mbit/s 及以上的宽带接入用户数超 180 万，占比已提升至 39%。

值得一提的是，基于优质的"双千兆"网络，武汉市的产业数字化创新应用不断涌现。结合武汉市的产业特色和区位优势，"双千兆"网络与工业等领域深度融合，形成了一批有创新性、可复制、可推广的应用试点项目，具体如下。

基于 5GC 技术在武钢工业互联网的创新应用。 武汉钢铁有限公司（以下简称"武钢有限"）推动 5G+智能制造融合创新的战略部署，建立武钢有限自有的 5GC 专网，湖北省内首次将核心网和独立承载网下沉到用户侧，实现专网专用，既能使数据不出厂区，又能确保信息安全，并充分发挥 5G 高可靠、低时延等优势，结合边缘计算、切片等技术，赋能智慧制造。目前，武钢有限 5GC 专网已建成宏基站 49 个，公共区域覆盖率达 80% 以上。以铁钢界面智慧管控平台智慧铁水运输为 5G 应用切入点，实现机车位置实时跟踪、调度任务交互、地面道口视频无线推送、人工智能感知数据回传等核心功能，降低能耗，提升铁水运输效率。同时，武钢有限以"分散的点位、移动的设备及移动的人"为原则，逐步推进智慧物流、生产管控、数字设备、能环管控、质量管控、安全管控等 5G 应用逐步上线部署，极大地提升了生产效率和安全性，达到智能制造少人化、无人化的目标。

武钢有限 5GC 专网选用 5G 核心网下沉方式，企业自建核心网和承载网。自建核心网可以满足企业数据安全私密性、数据分析时效性、远程控制与协作、终端接入安全等应用需求和管理要求。自建承载网可以充分利用武钢有限区域内的存量机房和网络资源，提升网络复用性并降低整体成本。5GC 专网在铁钢界面智慧管控平台项目的应用，可以为项目的智慧铁水调度、铁水运输作业效率提升、铁水温降、岗位作业人员配置优化等方面提供支撑。从经济价值角度来看，5GC 专网助力武钢有限降本增效，减少岗位作业人员 50 人，每年节约人工成本 675 万元，实现生产效率提升 10%，铁水温降降低 10℃，每年产生经济效益 2000 万元。

基于 5G+工业互联网的数字孪生光纤智能筛选。 长飞光纤光缆股份有限公司（以下简称"长飞公司"）5G+工业互联网创新应用基于数字化车间、工艺和设备的自主创新、流程自动化和数字化结合的路径实施。该应用主要针对光纤筛选时的良品率提升和筛选工位的无人化而展开。长飞公司搭建 5G 企业专网，采用长飞光云工业互联网平台，对生产环境全景数据进行实时采集。通过射频识别、图片识别、视觉自动识别定位及智能筛选系统实现了智能分析光纤超标丝径、自动给出筛选段长、智能分配并读写光纤盘号、自动更换收线端光纤盘，并通过智能机器人实现料盘的快速自动换接。长飞公司基于数字孪生，搭建虚拟化生产环境，利用物理模型、传感器更新、运行历史等数据，建立筛选机、产线、车间数字孪生体，实现筛选机的虚拟制造、智能光纤筛选、自动换盘、故障预警、设备预防性维护。

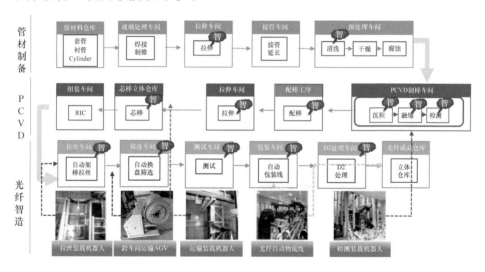

长飞公司通过对生产现场进行实时监控与过程重现，做到生产过程三维立体化，全过程可视、可追溯，提升设备的远程监控与维护能力。仅智能筛选机一项应用，就使筛选设备综合效率提升了 10%，产品质量良品率提升了 5%，并实现了筛选工位的无人化。基于 5G 和工业互联网的数字孪生光纤智能筛选机的成功实践给予了行业很大的启示，长飞公司已开始由光纤向光缆、从武汉到全国进行 5G 企业专网的建设及设备的智能化技术改进，让 5G+工业互联网平台有更多应用场景。

5G+全连接工厂在东风集团岚图汽车精益生产中的创新和实践项目。该项目以 5G 专网及 MEC 边缘云等技术为基础，结合物联网、大数据、人工智能等先进技术，通过中国联通自主研发的智慧园区管理平台对园区内的人、车、物进行统一管理，提升园区的综合治理水平，并通过设备监控平台对设备运行状态、产能、能耗、物流转运等全要素的生产运行状态进行监控。该项目建设了 5G 专网、专用 MEC 边缘云平台，实现了园区及工厂的 5G 全方位覆盖，同时在智慧园区及全连接工厂应用场景中，充分利用了中国联通 5G MEC 计算高速率、低时延、大带宽的特性，确保数据不出园区，保证了数据的安全性。该项目将 5G 专网与物联网、大数据、人工智能等先进技术相结合，通过中国联通自主研发的 5G 全连接工厂平台，实现人、机、料、法、环、测等全要素的互联，平均可节约人工成本 30%，物流效率提升 15%，采购成本降低 10%，实现整体生产效率提升 18%，每年为产线节约成本 200 多万元。

基于"**5G+工业互联网**"**的东风 5G 汽车制造智能工厂**。该项目是面向汽车领域，基于互联网+协同制造、智慧制造的 5G 虚拟企业专网建设工程，在东风商用车有限公司下属生产基地部署 5G 基站，建设 5G 专网，打造自动化配件运送系统，推动 5G 技术与工业网络、工业软件、控制系统深度融合，加快自动化配件运送系统及解决方案的推广，利用 5G+自行小车应用场景，解决传统制造业的生产难点。浪潮 5G 产品应用于汽车制造领域的核心生产环节，支撑东风商用车有限公司实现了整车生产线自动化配件运送系统的 5G 智能化升级，进一步提升了东风商用车有限公司的整体产能，打造了东风汽车集团首个 5G 汽车制造智能工厂。对自行小车的 5G 改造升级，使线上工作人员从 30 人减少到 15 人，生产量从每天最多生产 50 套产品提升至现在的 80 套；因通信中断导致的车辆装配线停产时间减少了 15%，产线整体产能提升了 26%，有效解决了前期困扰东风商用车有限公司的网络问题和产能提升问题；工人的劳动强度大幅降低，产品装配自动化和智能化水平大大提升，为东风商用车的持续发展注入了新动能。

四、未来规划

武汉市将深入贯彻习近平总书记考察湖北武汉时的重要讲话精神和习近平总书记关于城市工作的重要论述，锚定国家中心城市和国内国际双循环枢纽的目标定位，结合武汉发展实际，进一步优化城市规划建设，努力以高水平规划引领高质量发展；推动城市组团式发展，加快推动以武汉市、鄂州市、黄石市、黄冈市为核心的武汉都市圈建设和长江中游城市群联动发展；将进一步协同推进"双千兆"网络建设，为系统布局新型基础设施夯实底座，为加快产业数字化进程筑牢根基，为推动经济社会高质量发展提供坚实网络支撑。

一是持续推进"双千兆"网络深度覆盖。推动网络由覆盖型向容量型转变，力争 2023 年年底实现中心城区及重点区域 5G 精品覆盖，基本实现城乡之间同网同速，5G 建设水平全国一流，宽带网络建设水平全国领先。

二是引导企业基于千兆网络开展应用创新。支持企业用户与电信运营商、科研院所开展合作，加大业务创新和应用研发，特别是探索创新5G、千兆光网应用的技术模式与商业模式，推动 4K/8K、AR/VR 等新业务和 5G+行业应用融合发展。同时，加强宣传引导，提高市民使用网络的积极性。

三是继续开展光通信产业强链补链。积极发挥华为海思光电子、烽火、光迅等产业链头部企业的引领作用，加快推动高速光芯片、高端光器件产业发展，研究引进或组建 5G/F5G 标准组织，加快培育行业市场，持续提升武汉光通信产业优势。

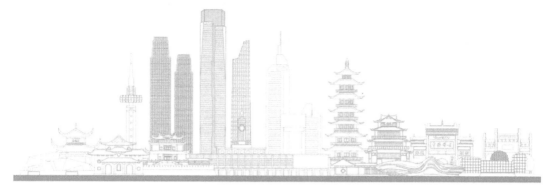

千兆城市-长沙

城市名片

　　长沙，湖南省省会，是"一带一路"的重要节点城市和长江经济带中心城市，现辖芙蓉、天心、岳麓、开福、雨花、望城6个区和长沙县、浏阳市、宁乡市3个县（市），全市总面积约1.18万平方千米，总人口约1023.93万人，拥有5个国家级开发区及全国两型社会建设综合配套改革试验区、国家自主创新示范区、国家级湖南湘江新区、国家临空经济示范区、中国（湖南）自由贸易试验区（长沙片区）等重大战略平台。

长沙是一座底蕴深厚的文化名城，有着3000多年的历史，是湖湘文化的发源地，"十步之内、必有芳草""惟楚有材、于斯为盛"，马王堆汉墓、三国吴简、唐代铜官窑、千年学府岳麓书院等文化遗存闻名中外。长沙是一座风光秀美的山水洲城，岳麓山屏西而立，湘江水奔流北去，橘子洲静卧江心，山水相映，城景相融，它是全国首批优秀旅游城市、国家森林城市、国家园林城市。长沙是一座科教发达的创新之城，拥有国防科技大学、中南大学等58所高等院校，中国电子科技集团第四十八研究所、长沙矿冶研究院等96家独立科研机构，黄伯云等66名两院院士，诞生了超级杂交稻、超级计算机、碳—碳复合新材料等一批世界级科研成果。长沙是一座产业报国的智造之城，产业支撑作用日益强化，22条工业新兴及优势产业链全面发力，打造了工程机械、电子信息、新材料、食品、汽车等一批千亿产业集群，培育了三一重工、中联重科、铁建重工、山河智能等一批知名企业，智能制造试点企业突破1041家，A股上市公司总数达到70家，居中部省会城市第一。

长沙风貌

一、发展概述

近年来，长沙市政府积极践行国家制造强国、网络强国、工业互联网和数字经济战略部署，持续扩大千兆网络覆盖，优化网络质量，创新网络应用，鼓励以市场主体创新应用带动基础网络建设，努力形成"以建促用，以用促建"的良性发展模式。

基于优质的千兆光网和 5G 网络，长沙市数字经济发展和制造业转型升级产业数字化全面提速，工业互联网创新快速发展，智慧园区、智慧街区、智慧景区、智能制造等 5G 试点应用项目建设加速落地，5G 标准体系进一步完善并牵引产业发展，5G 增强标准助力行业应用取得良好的工作实效。长沙传统行业的转型和信息化建设，提供了良好的基础设施和平台，成为长沙数字经济发展的强大动力引擎。

二、建设经验

强化政策保障，引导行业快速发展。一是加强规划引领，编制出台了《长沙市第五代移动通信基站及配套设施专项规划（2020—2035）》《长沙市信息通信基础设施建设计划（2019—2021）》，统筹 5G 通信网络布局和建设。二是构建政策体系，先后制定了《关于加快推进公用移动通信基站规划建设的意见》《长沙市推进第五代移动通信技术网络建设工作方案》等一系列文件，明确了通信网络建设的时间表、路线图及任务书，并提出了具体的建设标准和时间要求，确保长沙市通信网络发展水平走在全国前列，形成了以指导通信网络建设和解决实际问题为导向的政策体系。

建立协调机制，保障项目顺利实施。 一是建立了 5G 基础设施建设统筹推进机制，成立了由长沙市政府分管副市长担任召集人、各相关部门共同参与的 5G 基础设施建设联席会议制度和 5G 网络建设协调指挥部。二是成立省级通信管理部门驻长沙协调办事机构，加强行业主管部门与地方政府部门的沟通对接，确保通信发展与管理的政策法规和工作部署在市级层面并落实落细。三是坚持问题导向，建设问题现场督办，着力解决 5G 基站建设中的重点、难点、堵点问题，截至2021 年年底，累计收集各单位上报的 5G 问题约 3200 个，问题整体解决率达 98.72%。2021 年，长沙市工业和信息化局印发了《关于印发长沙市移动通信基站及配套设施建设流程及问题协调操作指南的通知》，进一步规范和优化了 5G 建设工作流程，极大地提升了 5G 建设问题协调处理效率。

加强要素支撑，降低网络建设成本。 一是降低 **5G 基站用电成本。** 长沙市工业和信息化局印发了《5G 通信基站电力接入实施细则》，明确了收费范围和标准；国网长沙供电公司为 5G 新建基站开辟了绿色通道，"两证报装"的办电模式全面推行，大幅简化审批流程。**二是推动公共资源免费开放。** 长沙市政府印发了《关于加快推进公用移动通信基站规划建设的意见》，积极推动市属公共资源免费开放，加快推进通信基础设施共建共享。**三是优化建设环境。** 发布《长沙市信息通信基础设施行动计划（2019—2021 年）》，要求新建小区及商住楼建筑红线内通信设施及光电网络配套设施必须同步建设，不合格不予入网，不得验收备案；编制了《长沙市光纤到户及通信基础设施工程建设技术指南》，为长沙市通信设施工程设计、施工提供标准规范。

培育行业应用，促进产业健康发展。一是培育 5G 典型应用案例。 在湖南省工业和信息化厅发布的湖南省 5G 典型应用场景和"5G＋制造业"典型应用场景中，长沙市入选项目数量高居榜首。湖南省工业和信息化厅发布了两批"5G+工业互联网"示范工厂名单，名单中长沙工厂占 12 席。2021 年 8 月，长沙电信、圣湘生物、中南大学等单位申报的10 余个"5G+智慧医疗"项目，成功入选工业和信息化部全国"5G+医疗健康"应用试点项目名单，长沙市已进入国家 5G 智慧医疗健康创新发展的第一方阵。**二是促进 5G 应用产业发展。** 市级层面组建了 5G应用产业链，产业链办公室设在岳麓山大学科技城管理委员会，相关龙头企业发起并成立了长沙市 5G 产业促进会，助力全市 5G 网络建设、行业应用、产业发展和技术创新。2021 年 7 月，湖南省首个"5G ＋工业互联网"先导区依托长沙经济开发区设立。2022 年 1 月，湖南省首个 5G 创新基地——5G 加速港在岳麓山大学科技城启用。2021 年 12月，中国电信天翼云中南数字产业园项目落地长沙天心区，总投资 120亿元，建成后将具备 40 万台服务器的云资源能力，这是湖南省目前投资最大的数字新基建标志性项目。经过 4 年的深耕与创新发展，国家智能网联汽车（长沙）测试区荣获 4 个国家级牌照，保持领跑态势，它是国内市场需求结合度最高、测试场景类型最丰富、综合配套服务最完善的智能网联汽车测试区，已经形成了一套逻辑缜密、功能完善、场景多样的测试验证服务和运营体系。2021 年，赛迪发布《2020 中国智能网联汽车示范区评析》白皮书，国家智能网联汽车（长沙）测试区综合实力排名全国第一。国家智能网联汽车（长沙）测试区是全国首个城市级5G-V2X 车路协同的智能网联汽车应用示范区。

三、成果成效

通过多年来对 5G 千兆网络和固定千兆宽带的全力部署，长沙市已全面建成"双千兆城市"。目前，城市家庭千兆光纤网络覆盖率达 91%，长沙市累计部署 10G-PON 端口超过 11 万个，5G 个人终端用户超 410万户，5G 个人用户普及率超过 30%。在 5G 网络建设方面，长沙市区累计建设 5G 基站超过 1.4 万个，每万人拥有 5G 基站数达到 20 个，重点场所 5G 网络通达率达 98%，实现长沙全市城区、县城区、乡镇等5G 网络连续覆盖，并构建了工业园区、交通枢纽、城市主干道、大型公共区域、大型商圈、旅游景区、产业应用等多类 5G 场景。

基于优质的"双千兆"网络，长沙市积极创建国家智能制造先行区，培育了一批国家级智能制造示范工厂、优秀场景和省级智能制造标杆企业（车间），以提升应用水平、供给能力和基础支撑为着力点，构建智能制造发展生态。在高端装备、电子信息、新材料、汽车及零部件等多个行业开展 5G+融合应用示范，培育一批典型应用场景。

三一集团是全球领先的装备制造企业，同时也是中国智能制造首批试点示范企业。该集团旗下的三一汽车起重机械有限公司（以下简称"三一重起"）将5G、云计算、AI、工业互联网等新一代信息技术与企业生产制造深度融合，在宁乡产业园搭建5G高质量企业专网，在此基础上构建园区的工业互联网平台，打造一流的智能制造工厂，当前已实现高清视频监控、移动焊机数据采集监测测试、AGV无线调度、仪表数据采集等多项基于5G网络的工业应用。5G网络的便利性和灵活性，大幅降低了三一重起宁乡产业园中业务弹性需求带来的生产网络变更及施工难度，解决了移动广覆盖场景下的终端、数据采集难题，实现了数据不出园区，保证了网络的安全性。通过实施一系列的工业应用，三一重起宁乡园区的生产效率得到大幅提升。

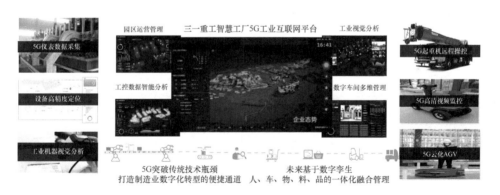

蓝思科技聚焦车载部件生产线与产品的高度耦合、车间设备接入难以统一、生产过程与管理信息的融合性差、重点设备远程运维能力弱等行业痛点问题，针对车模部件质量改善与追溯、设备管理、生产管控等重点环节，以"5G+边缘计算"为抓手，建设基于车载部件的5G+工业互联网示范工厂。

　　通过构建高端车载部件"5G+人工智能视觉检测、5G+AGV、5G+多元工业数据采集、数字孪生的 3D 可视化"等基础应用场景，打造过程自感知、自分析、自决策的高效运营生产管控平台，实现企业全要素、全产业链、全价值链的全面连接，实现 80% 关键设备的可视化，使检测效率提升约 50%，产品良率提升约 8%，物流效率提升约 10%，人工成本降低约 50% 等。5G 相关技术与生产场景的结合，有效解决了高端车载部件行业效率、质量共性问题，打造行业共性解决方案，形成和积累可复制、可推广、可落地的项目模式与经验，加速推进工业企业与新一代信息技术深度融合，创造新的价值，促进工业企业数字化转型高质量发展。

　　除了工业领域的应用，5G 网络在应急指挥、防灾救灾方面也发挥着重大的社会作用。长沙市岳麓区建设了基于 5G 网络的应急指挥平台，并将其作为健全全区的公共安全体系、整合优化应急力量和资源的有力抓手。应急指挥体系中加入 5G 服务，确保现场信息实时传输到指挥中心，为现场指挥及领导决策提供数据支撑。在 5G 网络的支持下，应急指挥车和无人机可为应急灾害现场提供图像、话音、数据等多种通信服务，实现现场与后台指挥决策之间实时信息的传输，有效保障在各类应急事件中指挥调度畅通。

四、未来规划

下一阶段，长沙市将深入贯彻落实习近平总书记考察湖南时的重要讲话精神，围绕打造国家重要先进制造业战略高地，进一步精准发力，持续推进长沙市信息基础设施建设跨越式发展。

一是夯实基础。继续推进 5G 基站建设，2022 年新建 1 万个基站，加快 5G 网络向园区和企业部署。引导基础电信企业建设高质量的工业互联网内外网络，推动工业企业加快内网改造，打造一批内网改造优秀案例。

二是推进应用。推动 5G+工业互联网的应用，重点在高端装备、电子信息、新材料、汽车及零部件行业开展 5G+工业互联网融合应用示范，培育一批典型应用场景。依托长沙经济开发区加快建设"5G+工业互联网"先导区，重点围绕"5G+工业互联网"融合创新机制、工业大数据治理开展试点示范，继续深度推进企业数字化、网络化、智能化转型升级，孵化制造业领域的 5G、AI、区块链、大数据、工业互联网等更多的应用场景。定期梳理发布 5G+工业互联网应用案例及需求，遴选并发布 5G+工业互联网优秀案例集，总结出切实可行的路径和模式。

三是培育生态。加强产业支撑和创新生态建设，加强顶层设计和政策保障，出台 5G+工业互联网的行动计划及配套政策，优化发展环境。支持应用创新中心、产业研究院、开放实验室、技术测试床建设，培育一批既懂 5G 又懂工业的"5G+工业互联网"咨询服务机构及优秀解决方案供应商。

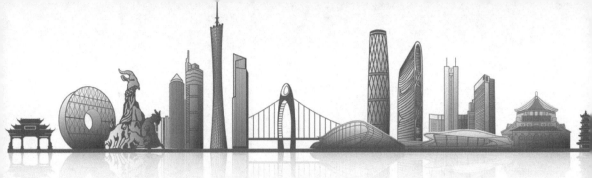

千兆城市-广州

　　广州，简称"穗"，别称羊城、花城，自秦始皇33年（公元前214年）建城起，2200多年来，一直是郡治、州治、府治的行政中心，是华南地区的政治、军事、经济、文化和科教中心，是岭南文化中心地、我国古代海上丝绸之路发祥地、近现代革命策源地、改革开放前沿地。广州共辖越秀区、海珠区、荔湾区、天河区、白云区、黄埔区、花都区、番禺区、南沙区、从化区、增城区11个区，截至2021年共有户籍人口987.09万人，流动人口996.62万人，实际服务管理总人口超过2200万人。

　　作为国家重要的中心城市、综合性门户城市和粤港澳大湾区的核心引擎之一，近年来，广州市坚持以习近平新时代中国特色社会主义思想为指导，深入学习贯彻习近平总书记对广州的重要讲话和重要指示批示精神，坚定自觉贯彻落实习近平总书记赋予广州的实现老城市新活力、"四个出新出彩"使命任务。完整、准确、全面贯彻新发展理念，主动服务和融入新发展格局，大力实施"产业第一、制造业立市"战略，加快数字化、绿色化、国际化转型，推动高质量发展。全力打造老城市新活力最佳范例，努力为全国、全球老城市焕发新活力提供"广州方案""中国方案"，充分彰显习近平总书记思想的真理力量和实践伟力。2021年，广州市地区生产总值2.82万亿元，增长8.1%，过去5年年均（下同）增长6.1%；固定资产投资超8500亿元，增长11.7%，年均增长10%；民营经济增加值、社会消费品零售总额、商品进出口总额均超万亿元；国有企业资产总额超5万亿元；地方一般公共预算收入1883.18亿元，增长9.4%，年均增长6.2%；城乡居民人均可支配收入分别为7.44万元和3.45万元，分别增长8.9%和10.4%，年均分别增长7.9%和10%。

一、发展概述

在工业和信息化部、广东省政府的指导下，广州市近年来深入贯彻习近平总书记关于数字中国的重要讲话精神，积极落实网络强国部署，紧抓国家关于5G等新型信息基础设施的重大战略发展机遇，加快5G、千兆光纤等新技术布局建设，积极打造5G强市、"双千兆城市"。截至目前，广州市已实现中心城区和重点区域5G网络覆盖，5G网络建设持续多年排名广东省第一，在光纤接入用户、高速宽带用户、5G用户等多个电信用户数量指标上持续排名广东省第一，位居全国前列。累计有34个广州应用项目在5G"绽放杯"应用大赛上获国家奖项，有力地支撑了广州市打造千兆网络创新应用示范区。

二、建设经验

一是聚焦顶层设计构建政策矩阵，信息基础设施发展蓝图清晰。积极谋划建设广州国际数字信息枢纽，发挥广州国内三大通信枢纽优势，以信息基础设施为载体，持续推动数字产业化、产业数字化、数字化治理和数据要素价值化"四化"协同发展，提升广州数字经济辐射能级。率先出台《广州市信息基础设施建设三年行动方案（2018—2020年）》《广州市加快5G发展三年行动计划（2019—2021年）》《广州市加快推进数字新基建发展三年行动计划（2020—2022年）》《广州市进一步加快5G产业发展若干措施》《广州市加快5G应用创新发展三年行动计划（2021—2023年）》等9项专项政策，构建涵盖创新、建设、应用、产业全方位的信息基础设施发展政策体系。

二是聚焦建设需求推动机制创新，信息基础设施发展生态持续优化。率先在广东省内成立以广州市领导挂帅的市推进信息基础设施发展工作领导小组，高位推进5G等信息基础设施建设。建立"任务倒逼、问题导向"的建设推进机制，近年来累计征集12批问题清单，整体问题解决率达98%。印发《广州市通信外线工程建设项目并联审批实施细则（试行）》《关于解决广州市公共物业5G基础设施建设供电问题的通知》，压缩审批时间，提升审批效率，强化供电部门、公共物业管理部门的5G基站用电改造支持指导。滚动编制公共资源开放目录，充实站址资源，纳入公共资源开放目录的站址免费开放，累计开放广州市属公共场所6014个。加强信息基础设施建设资金扶持，近年来在5G网络、光纤网络建设方面累计支持金额近4亿元。

三是聚焦依法管理强化设施保护，信息基础设施建设日趋规范。广州市数字经济立法中明确要求相关社会主体为信息基础设施提供相应的资源和便利，相关建设与主体工程同步设计、同步建设、同步验收。编制通信管道、5G 站址等专项规划，并纳入广州市多规合一平台，目前移动通信基础设施的建设空间、位置、用电容量及配套资源已列入广州市土地出让条件。印发相关通知，进一步加强基站、光纤网络等通信设施建设与城市更新的协同，落实"先建后拆、先通后剪"，确保城市更新过程中，通信服务不中断。加强省—市联动和部门协同，在广东省通信管理局的指导下，会同广州市公安、市场监督管理等部门，开展商业楼宇和住宅小区光纤入户专项行动，全面贯彻落实光纤入户新国标。

四是聚焦标杆示范促进行业融合，信息技术赋能提档升级。建立 5G 应用培育机制，滚动征集 5G 应用项目线索，核实后纳入广州市 5G 应用项目池予以跟进、扶持。截至目前，广州市累计培育 5G 应用项目 300 余项，范围涵盖制造、文旅、交通、公安、教育等领域。设立 5G 发展专项资金，加大对 5G 应用示范项目的支持力度，3 年来累计支持"基于 5G 的智慧课堂建设及应用示范""白云山中一药业 5G+切片技术智慧工厂""5G 技术在金属切削加工领域的深度融合示范""香雪 5G+智慧中医创新应用示范"等一批 5G 应用示范项目。在北京路成功打造广百 5G 商店、5G 智慧书店等典型 5G 应用场景。积极支持广州港集团打造 5G 智慧港口，支持文远智行在广州生物岛开展 L4 级无人驾驶常态化试运营，对外输出商贸、物流和交通等典型领域 5G 应用的"广州方案"。推动 5G+工业互联网融合发展，在智能化生产、网络化协同、服务化延伸等模式创新方面成功打造京信通信、华凌制冷、视源电子、白云电器等一批应用标杆企业。

三、成果成效

广州市积极发挥全国首批千兆城市的示范引领，持续优化建设环境、加大建设投入，推动信息基础设施布局建设，为广州经济社会发展提供了强有力的基础支撑。截至 2022 年 6 月，在 5G 网络方面，广州市累计建成 5G 基站 6.9 万个（含室外站、室内分布系统和共享站点），5G 用户达 1015 万户，5G 发展居广东省第一，在光纤网络方面，广州市光纤接入端口达 1344.4 万个，PON 端口 58.5 万个、10G-PON 端口 16.8 万个，500M 以上高速宽带用户较 2021 年年底新增 25 万户。

在优秀的网络支撑下，广州加快发挥技术赋能，结合广州的产业优势，聚焦推动"双千兆"网络与交通、医疗、教育、物流、制造等领域的深度融合，培育了一批可推广、可复制的应用示范项目，输出了一批典型应用场景的"广州方案"。

广州港集团联合广州联通、上海振华重工，建设完成了粤港澳大湾区首个 5G 全自动化无人集装箱码头。通过 5G+MEC 独享专网架构，确保了北斗定位、远程控制、AI 智能识别等多种数据的千兆级大带宽、低时延传输，实现智能引导车（Intelligent Guided Vehicle, IGV）集装箱卡车自动驾驶、AI 远程智能理货、轨道吊 / 岸桥远程自动化控制等一系列集装箱装卸流程的全无人化作业，打造了全球首创的水平布局全自动化码头。项目达到产量后，港口运营能力较传统码头有了本质的提升，桥时效率每小时提升至 30 个循环，船时效率每小时提升至 100 个循环，减少了 70% 的现场作业人员，事故发生率降低 95%，每年为港口节约成本超 7000 万元。

　　广州移动会同广州明珞装备股份有限公司共同打造 5G 数字制造与工业互联网全球总部项目，打造 toB、toC[1] 两张 5G 专网（toB MEC 下沉 + 共享 5G 双域专网）。一方面，基于专享 5G UPF 下沉，在工业园区内部署一张无缝覆盖的 5G 网络，包括 5G 无线基站、切片分组网传输、MEC 等，满足超大带宽、超低时延的核心生产应用场景；另一方面，建设共享 5G 双域专网，使用 5G 终端访问企业内网及互联网，方便企业差旅人员安全、高效接入，实现移动办公。与此同时，通过云化 MISP，连接上下游供应链的生产设备，采集生产数据并进行数字孪生，现实产线与孪生产线实时映射，实现生产自动化、柔性化、智能化。项目落地后，生产效率提升 20%，设备故障率下降 20%。

1　toC（to Consumer，面向消费者）。

四、未来规划

广州市将围绕打造国际数字信息枢纽的目标，持续加强5G、千兆光纤等新型信息基础设施的建设，加速推动技术赋能产业，努力打造数产融合的全球标杆城市。

一是加快推进广州国际信息枢纽谋划，积极争取国家、广东省的政策支持，持续实施网络、交换设施和算力设施等数字基础设施扩容升级，进一步巩固广州市信息基础设施发展的领先地位，筑牢数字经济发展基础。

二是持续加强应用需求场所的"双千兆"网络覆盖，加快700MHz 5G核心网华南节点和700MHz、900MHz 5G基站建设，发挥应用和需求引导，持续推进应用重点场所和人流密集区域的5G网络深度覆盖。有序推进千兆光纤在居民小区、经营和生产场所、医院学校等的部署，持续扩大千兆光网的覆盖范围。

三是加快发挥"双千兆"网络赋能经济社会发展，结合广州市的实际情况和优势，加快汽车、制造、交通物流等重点行业的"双千兆"应用培育，推动5G+智能网联汽车实战应用，推动5G、千兆光纤应用服务于核心生产环节，打造一批示范效果好、推广意义大的应用标杆项目，积极输出"双千兆"应用的"广州方案"。

千兆城市-深圳

深圳，简称"深"，别称"鹏城"，下辖福田区、罗湖区、盐田区、南山区、宝安区、龙岗区、龙华区、坪山区、光明区9个行政区，以及大鹏新区和深汕特别合作区。截至2020年年底，拥有户籍人口556.39万人，常住人口为1768.16万人。深圳是副省级城市、国家计划单列市、经国务院批复确定的经济特区，是全国经济中心城市、科技创新中心、区域金融中心、商贸物流中心，是连接中国香港和中国内地的纽带和桥梁，在中国的制度创新、扩大开放等方面肩负着试验和示范的重要使命。

深圳紧跟国家重大战略布局，推动粤港澳大湾区建设，建成中国特色社会主义先行示范区，努力创建社会主义现代化强国的城市范例。2021年，深圳综合改革试点首批40条授权事项全面落地，放宽市场准入24条特别措施出台，47条创新举措和经验做法在全国推广。2021年深圳市地区生产总值达3.07万亿元，增长 6.7%。在新增减税降费 734 亿元的基础上，来源于深圳辖区的一般公共预算收入达 1.11 万亿元，增长 13.5%，其中，地方一般公共预算收入 4258 亿元，增长 10.4%。规模以上工业总产值连续 3 年居全国城市首位。

一、发展概述

深圳市委、市政府认真贯彻落实网络强国、数字中国战略，高度重视数字基础设施发展，把推进宽带网络发展、拓展融合应用、全面推动数字化转型作为抢抓战略机遇的重要手段。2021 年 11 月，经国家发展和改革委员会批复同意，深圳成为全国首个基础设施高质量发展的试点城市，体现了国家对深圳市基础设施建设的高度重视和充分肯定。

推动"双千兆"建设广覆盖，是促进数字经济发展，赋能制造业智能化、网络化、数字化转型升级的必然要求。近年来，深圳市大力推进"双千兆"等新型基础设施建设。2020 年 8 月，深圳市在全球率先实现 5G 独立组网全覆盖，获评工业和信息化部"5G 独立组网最佳城市"；2021 年 7 月，全国 5G 行业应用规模化发展现场会在深圳市召开。深圳市已实现 5G 建设领先、市场领先、应用领先，重点场所 5G 通达率、千兆光网覆盖率、平均下载速率和千兆用户渗透率均居于全国前列。

二、建设经验

在推进"千兆城市"建设及"双千兆"协同发展上，深圳市主要从以下 4 个方面开展工作。

一是加强顶层设计，构建信息基础设施发展政策体系。2022 年印发《深圳市推进新型信息基础设施建设行动计划（2022—2025 年）》，明确深圳市推进新型信息基础设施建设总体目标，并提出六大任务、十大重点工程和 28 条具体举措。编制《深圳市支持新型信息基础设施建设的若干措施》等配套政策，促进深圳市新型信息基础设施建设发展。出台《深圳市加快推进 5G 全产业链高质量发展若干措施》，扩大 5G 产业规模，推动 5G 赋能各行业。出台全国首个《深圳市信息通信基础设施专项规划》，以 5G 需求为主线统筹布局数据中心、通信机楼等信息基础设施，为深圳市信息基础设施的建设提供了空间资源保障、审批依据和建设指引。

二是强化组织保障，建立统筹协调工作机制。成立深圳市智慧城市和数字政府建设领导小组、深圳市工业及新型信息基础设施项目指挥部，协调信息基础设施发展遇到的重大问题；建立由深圳市工业和信息化局牵头的信息基础设施工作专班和市、区、街道三级联动机制，统筹协调和督查督办 5G、千兆光网等信息基础设施建设工作。

三是多措并举，加快推进"双千兆"建设。印发《深圳创建 2021年千兆城市工作方案》，召开深圳千兆城市发展峰会并发布《深圳双千兆城市发展白皮书》，统筹布局以 5G 与千兆光网为首的城市通信网络体系。将 5G 建设纳入民生实事进行推进，开放公共场所物业 12896 处配合信息基础设施建设。建立难点清单协调机制，在教育、交通、卫生、城管、地铁、机场、口岸等重点领域分别成立专班负责推进 5G 建设。深圳市住房和建设局、通信管理局等部门加大监管力度，确保建设单位、基础电信企业等严格落实光纤到户的国家标准和地方标准，推动通信基础设施与建筑同步规划、同步设计、同步施工、同步验收,有力推进"双千兆"网络建设部署。

四是加速场景应用,推进"双千兆"网络行业融合赋能。支持基础电信企业结合边缘云下沉部署,推动超高清视频、AR/VR 等新业务发展,聚焦制造业数字化转型,开展面向不同应用场景和生产流程的"双千兆"协同创新,加快形成"双千兆"优势互补的应用模式。目前,"双千兆"与各行各业的融合应用已经逐步由探索阶段进入落地实施阶段,试点示范应用效果进一步凸显。城市"双千兆"协同发展不断促进深圳"产业数字化、智慧化生活、数字化治理"的能力,推动区域高新技术行业聚集。

三、成果成效

深圳市积极贯彻落实党中央、国务院,广东省委、省政府的决策部署,2021 年,在建设信息基础设施、推进产业数字化、加快工业互联网创新发展等方面工作成效明显,是首批获得该事项国务院办公厅督查激励的城市之一。深圳市在 2021 年年底获评全国首批"千兆城市",在 2021 年第一期全国移动网络质量专项评测中获评地铁场所、商场场所、公园场所、主要道路 5G 网络质量"卓越城市",2022 年年初获中央网信办、工业和信息化部等 12 个部门联合组织评选的"IPv6 技术创新和融合应用试点城市"称号。

目前,深圳市已实现优质网络广域覆盖。截至 2022 年 6 月,深圳市已累计建成 5G 基站超 5.63 万个,每万人拥有 5G 基站数超 32 个,重点场所 5G 网络通达率达 98%,实现全市 5G 独立组网全覆盖。深圳城市家庭千兆光纤网络覆盖率达 175.6%，全市累计部署 10G-PON 端口超 18 万个，城市地区 10G-PON 端口占比达 45%。在深汕特别合作区实现 4G 网络、700MHz 频段 5G 网络、光纤网络全覆盖，打造数字乡村示范样本，为全国乡村数字化探索提供了"深圳方案"。

同时，"双千兆"用户结构持续优化。截至 2021 年 6 月，深圳市 5G 用户超 981 万户，5G 用户占比达 33.9%，城市地区 500Mbit/s 及以上的固定宽带接入用户超 175 万户，约占固定宽带用户总数的 28.6%。移动和固定宽带用户正在加速向 5G 和千兆宽带迁移，"双千兆"用户占比逐年提升。

值得一提的是，得益于适度超前部署的"双千兆"网络，深圳市的数字产业化和产业数字化创新应用不断涌现，"双千兆"网络与医疗、教育、工业互联网、港口等领域深度融合，形成了一批有创新性、可复制、可推广的应用试点项目。招商局港口集团股份有限公司的"5G 妈湾智慧港口项目——从创新研发迈向产业发展"等 38 个项目获得第四届"绽放杯"5G 应用征集大赛决赛、标杆赛、红色党建特色奖项；深圳大学总医院的"基于 4.9GHz 频段 5G 专网的空地立体化急诊救治体系研究及示范"等 23 个项目入选国家"5G+医疗健康"应用试点；深圳大学的"深圳大学基于 5G+算力网络构建的国家级半导体材料虚拟仿真实验互动教学示范项目"等 2 个项目入选国家"5G+智慧教育"应用试点；深圳创维–RGB 电子有限公司的"5G 全连接工厂试点示范（面向新型显示的 5G+8K 柔性智能工厂）"等 4 个项目入选国家"工业互联网"应用试点。

从具体案例上看，招商局港口集团股份有限公司的"5G 妈湾智慧港口项目—从创新研发迈向产业发展"，联合中国移动、华为等，采用

2.6GHz+4.9GHz 双平面组网、业务侧双发选收、基础网络端到端双路由等方式，实现国内港口行业首个基于三双创新技术的高可靠性 5G 专网部署，引入了全国港口首个 5G 智能运维平台，实现故障一键定界，业务质量监控等。5G 妈湾智慧港口项目依托自主研发的"招商芯"，紧紧围绕 5G、人工智能、区块链、北斗定位等九大智慧元素，打造"安全、稳定、高效、智能"的世界一流智慧港口，落地了无人驾驶集卡、港机远控、智慧巡检、智能理货、智慧运营等多项 5G 应用场景，实现全国单一码头最大规模的 5G 无人驾驶集卡车队、全球首个具备实际作业能力的 5G 智慧港口水平运输场景。作为中国首个港口"5G+自动驾驶应用"示范区，深圳输出港口行业 5G 标准，以妈湾为起点，沿"一带一路"，输出中国"5G 智汇"。

中国南方电网有限责任公司的"南方电网 5G+数字电网规模化应用"项目，联合中国移动、华为等，在深圳供电局探索 5G 公网与电力通信专网融合组网、协同运维和资源共享模式，自主研发 5G 承载智能电网全业务所需的关键电力通信设备和系统，形成融合 5G 的智能电网应用标准体系和整体解决方案，在"发、输、变、配、用"等环节上线创新

应用，将 5G 通信应用于配网自动化"三遥"、智能化巡检、配网差动保护、高级计量、智能配电房等应用场景，完成多项业界首例 5G 承载电网生产控制类业务测试验证，突破多项核心技术难关，并率先将电网特色需求融入 5G 标准，填补了行业空白，树立了我国 5G 工业互联网行业应用发展标杆。

深圳电信携手深圳市燃气集团股份有限公司的"5G+智慧燃气数字赋能超大城市公共安全"项目，以城市燃气三大安全主体（管网侧、场站侧、用户侧）运营领域提质增效为目标，打造 5G+智慧燃气数字赋能、提升城市公共安全运营水平的一体化解决方案，包含"1 个深燃大脑、9 个运营场景、N 类数据赋能城市公共安全"，组成了"1+9+N"的 5G+智慧燃气方案，打造了行业领先的工控网络安全技术和全国首个城市级燃气数字孪生管网。同时融合 5G 和 AI 技术，运用 5G 无人机飞巡进行燃气管道巡查，利用 5G 摄像头和 AI 监控实现燃气场站无人化管理，并通过智能燃气表、5G 执法记录仪来监测异常用气行为和第三方工地非法施工情况。相较于传统的燃气管理运营模式，该方式提供了更有力的安全保障，使生产效率提升 50%。

深圳市罗湖医院集团打造"紧密型医联体5G智慧医疗创新应用"项目，以5G专网为网络底座，开展远程超声、远程影像、移动体检车、健康监测、核酸自动采样机器人和无人机运送样本等十大场景应用示范，秉承"让居民少生病、少住院、少负担、看好病"的罗湖医改目标，通过建设5G智慧医疗的三大领域，打造智慧医院网络平台新模式和智慧医疗服务新模式两个创新模式，树立5G智慧医院标杆，为5G智慧医疗在全国推广做出示范。其中，基于5G网络的远程超声实现"1+N"辐射，三甲医院与36家社区健康服务中心及下辖基层卫生机构联动，共完成远程超声诊断2万多例，工作效率提高50%，看诊量提升60%。

四、未来规划

深圳市将按照《深圳市推进新型信息基础设施建设行动计划（2022—2025年）》，力争建成覆盖"5G+千兆光网+智慧专网+卫星网+物联网"的通信网络体系，提升深圳市信息基础设施建设发展水平，努力建成"双千兆、全光网"标杆城市和全频段、全制式无线宽带城市，力争在新型信息基础设施领域实现全球领先。

一是推动"双千兆"网络建设领先。持续推进5G网络深度覆盖，继续推动电信运营商10G-PON全面升级部署，到2022年年底，预计10G-PON端口占比达90%，实现医院、学校、园区、政府等重点行业领域千兆光网全覆盖，500Mbit/s及以上用户占比达60%。每年遴选100个重点工业园区推进网络升级改造，打造一批全光智慧园区，为产业数字化夯实基础。推动"千兆入户、万兆入企"，实施百万用户大提速计划，大力推进光纤到房间。深化5G接入网和中国铁塔等站址设施共建共享，大力推进多功能智能杆建设。

二是打造"双千兆"生态体系自主可控。推动深圳市网络与通信产业集群高质量发展，依托产业集群打造凝聚上下游的自主可控的平台型产业生态体系。支持电信运营商打造国家级信息基础设施，促进5G和工业互联网深度融合。成立深圳5G/F5G国际专家委员会，搭建5G/F5G关键领域标准研究服务平台。支持重点企业、高校、研究机构参与5G/F5G技术、标准、产业发展研究，探索6G/F6G产业重点研究方向，提升深圳"双千兆"产业标准的国际影响力。

三是实现"双千兆"示范应用持续创新。加快国家5G中高频器件创新中心、未来通信高端器件创新中心（挂牌广东省未来通信高端器件创新中心）、深圳5G产业创新生态运营中心、5G联合创新中心等创新载体落地，不断强化产业支撑能力，拓展"双千兆"网络应用场景。在工业、交通、政务、医疗、教育等典型行业，开展"双千兆"行业（虚拟）专网建设部署，打造"双千兆"典型应用示范。在光明区设立F5G光创新中心，针对F5G在深圳市重点行业进行技术创新、应用孵化和行业标准制定，形成F5G应用系列示范，逐步推广到更多领域。鼓励8K、AR/VR、全屋智能等消费应用发展，加大内容供给。

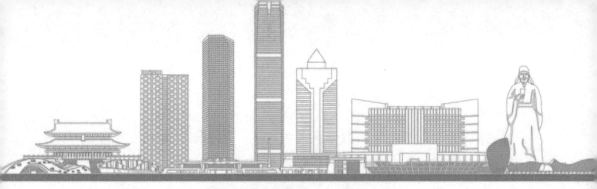

千兆城市-柳州

城市名片

　　柳州，又称龙城，位于广西壮族自治区中北部，是以工业为主、综合发展的区域性中心城市和交通枢纽，是山水景观独特的历史文化名城。柳州市辖5个县、5个区，总面积1.86万平方千米，市区建成区面积257.9平方千米。全市常住人口417.5万人，常住人口城镇化率70.3%，2021年实现地区生产总值3057.24亿元。

　　柳州是广西壮族自治区最大的工业城市，工业总量接近全区的20%，拥有四大汽车集团整车生产企业，"五菱""宝骏"等系列汽车品牌享誉全国，是国家汽车零部件生产基地、国家汽车及零部件出口基地和全国汽车产业示范基地。作为全国性综合交通枢纽，柳州是连接粤港澳大湾区与西南地区的重要节点，素有"桂中商埠"之称，拥有汽车及零部件、钢材、建材、农副产品、日用消费品等产业。柳州还是一座现代宜居城市，先后荣获"国家园林城市""国家森林城市""国家卫生城市""全国绿化模范城市"等称号。柳州市区青山环绕，水抱城流。柳宗元诗中的"岭树重遮千里目，江流曲似九回肠"，刘克庄笔下的"千峰环野立，一水抱城流"，都是柳州城市形象的真实写照。

柳州风貌

一、发展概述

近年来，柳州市深入贯彻落实国家数字中国、网络强国战略，持续推动《"双千兆"网络协同发展行动计划（2021—2023年）》等战略部署，夯实城市数字化转型和数字经济发展的战略基石。

依托坚实的信息通信基础设施支撑，柳州市深入实施大数据战略、加快数字柳州建设，深化新一代信息技术在赋能传统产业转型升级和特色产业加速发展、助推政务治理体系和治理能力现代化、打造数字民生服务体系等领域的应用，并取得实效，推动经济社会高质量发展。

二、建设经验

一是加强规划引领作用，筑牢顶层设计基础。为了继续保持广西壮族自治区千兆引领优势，促进 5G 和千兆光网建设覆盖、应用普及和行业赋能，广西壮族自治区通信管理局于 2021 年 5 月 17 日出台《广西"双千兆"网络协同发展行动计划（2021—2023 年）的通知》。为了加快 5G 网络建设、促进产业转型升级，柳州市于 2020 年 3 月出台《柳州市贯彻落实广西加快 5G 产业发展行动计划的实施方案》，明确推进 5G 网络基础设施建设、加快 5G 示范应用等多项任务，深化 5G 网络在各个领域的应用。2022 年 4 月 25 日，柳州市批复并实施《柳州市 5G 通信基础设施专项规划》，进一步优化了柳州市 5G 基站及其配套设施布局，为柳州市通信基础设施共建共享、有序建设提供了重要指导依据。

二是建立健全协调机制，加强双千兆网络建设保障。为了统筹推进 5G 通信基础设施建设和 5G 产业发展，柳州市政府于 2019 年 11 月成立数字柳州信息通信基础设施会战暨 5G 产业发展联席会议制度。依托联席会议制度，协调推进公共设施开放共享，重点解决 5G 基站选址难、进场难等突出问题。此外，柳州市住房和城乡建设局、大数据发展局、通信发展管理办公室等部门联合印发《关于进一步落实光纤到户国家标准 规范通信设施建设管理的通知》，进一步规范了通信设施建设管理，为柳州市推进落实光纤到户工作奠定了良好的基础。

三是稳步推进通信设施建设，深化双千兆融合赋能。为了确保 5G 网络建设稳步推进，柳州市明确了中国铁塔公司统筹安排、各基础电信企业协同推进的 5G 网络建设模式，优先推进柳州市交通干线、重要交通枢纽场所、热点区域等重点区域的 5G 网络覆盖，构建连续覆盖的 5G 网络。组织基础电信企业加快千兆光纤建设，推动千兆光网向农村区域延伸，基本实现柳州乡镇全覆盖。鼓励基础电信运营商和互联网企业围绕本地产业，开展 5G 及大数据、人工智能等技术的融合应用，推动汽车、钢铁、工程机械等柳州传统产业转型升级，赋能特色新兴产业加速发展。

三、成 果 成 效

目前，柳州市已实现乡镇以上和重点行政村"双千兆"网络全覆盖，并不断向农村延伸。城市家庭千兆光纤网络覆盖率达 229.3%，10G-PON 端口占 70.3%，重点场所 5G 网络通达率达 92.9%，每万人拥有 5G 基站数 14 个。500Mbit/s 及以上用户达 58.3 万户，500Mbit/s 及以上用户占 32%，5G 用户达 127.8 万户，占比 25.2%。

在此基础上，柳州市积极推动"双千兆"网络协同应用，在经济发展、民生服务、智慧政务等领域涌现出一批优秀应用案例。

经济发展方面。柳工集团推出 5G 智能遥控工业互联网平台，在港口码头、物流基地、建设工地等工作场景实现设备远程操作。柳钢集团打造国内首个基于 5G 技术的智慧热轧板坯库项目，充分利用 5G 技术的大带宽、低时延、泛在网的特性，实现了板坯的智能识别、精准抓取、快速转运、高效堆存。上汽通用五菱探索无人物流、生产线制造智能模式，推出"5G+云控物流 +AI 智慧工厂"。此外，"双千兆"网络在赋能特色产业发展上提供了较大的助力。例如，柳城县打造古砦仫佬族乡智慧种植能力提升示范区，在 116.67 平方千米的水稻种植区部署多功能气象站及智能数据采集仪等 100 多台套数字化设备，采集温度、稻田长势、病虫害等指标并进行分析，为水稻种植装上了智慧"大脑"。上线"现代螺蛳粉产业园区智慧云监管项目"，运用"5G+互联网云监管"，建立食品安全"云监管"模式，健全螺蛳粉从原材料采购到生产加工到成品销售的全过程监管机制，确保全过程可追溯。

民生服务方面。柳州市打造"5G+千兆光网智慧教育云直播同步互动课堂"，惠及柳州市 5 个县 5 个城区的 935 所中小学校，实现全市 8408 个班级通网络、3000 多名老师参与教学、近 40 万学生上同一节课，助推柳州市乡村学校开齐开足国家规定课程，有效破解乡村学校教师和优质教学资源不足的难题，加速推进教育优质均衡发展。柳铁中心医院建成"基于 5G+MEC 智慧云上远程诊疗平台项目"，将分级诊疗制度落到实处，有效缓解了医疗资源分布不均状况。

智慧政务方面。柳州市将千兆光网等新一代信息技术融入电子政务外网建设，为数字政府建设提供了坚实的网络支撑，强化了精准治理能力。在此基础上，深化"天网"工程、河道"天眼"等项目建设，有效提升城市的治理能力。鼓励基础电信企业推动"百姓天网"建设，实现了乡村公共安全视频监控覆盖，进一步解决了乡村安全问题，而且还为外出务工村民提供远程看护服务，解决村民的后顾之忧。

2021 年 12 月 24 日，工业和信息化部组织召开全国首届"千兆城市"高峰论坛。凭借"双千兆"网络建设及应用上的突出成果，柳州市成为全国首批 29 个"千兆城市"之一，柳州市委常委、副市长何文林作为广西壮族自治区的代表进行主题演讲，介绍千兆城市创建经验做法。

四、未来规划

下一步，柳州市将坚持以习近平新时代中国特色社会主义思想为指导，深入学习 2021 年 4 月习近平总书记视察广西壮族自治区、视察柳州市时的重要讲话和重要指示精神，立足新发展阶段，持续深化千兆城市建设，加快 5G、千兆光网等技术在各领域的融合应用，进一步支撑数字柳州建设，为"兴业、善政、惠民"全方位赋能。

一是加快城市通信基础设施建设，全力打造大型数据枢纽。柳州市以实施《广西壮族自治区建筑物通信基础设施建设规范》为抓手，推进公共建筑、公共设施开放共享和智慧杆塔建设，推动"双千兆"网络深度覆盖；深度融入共建"一带一路"大格局，建设国际互联网数据专用通道，完善数据中心、工业互联网、车联网等新型数字基础设施，加快推进"5G +"网络商业技术融合发展。

二是加快 5G 示范应用，为数字经济发展赋能。柳州市围绕精准治理，推进 5G 与政务治理体系深度融合，有效支撑城市的规划建设、应急指挥和管理决策。在医疗、教育、交通等民生服务领域，打造一批 5G 示范应用。深化工业互联网示范城市建设，在汽车、钢铁、工程机械等领域建设基于 5G 网络的工业互联网，深耕"双千兆 + 工业互联网"融合应用，有力支撑地方实体经济数字化、智能化转型。

三是加快信息消费应用创新，促进新兴业态发展。柳州市大力推动数字贸易，支持新零售、在线教育、互联网医疗等新业态建设，培育壮大一批新产业、新业态、新服务。加快"双千兆"网络在超高清视频、AR/VR 等消费领域的业务应用，带动新型内容消费和新型体验类消费发展，推动大众消费转型升级。

千兆城市–桂林

　　桂林，辖秀峰、象山、叠彩、七星、雁山、临桂 6 个区，兴安、全州、资源、恭城、平乐、阳朔、灵川、永福、龙胜、灌阳 10 个县，荔浦 1 个县级市，拥有常住人口 494.6 万人（截至 2021 年年底），是世界著名的风景游览城市和历史文化名城。

　　2021 年，面对复杂多变的国内外环境和新冠肺炎疫情散点多发的挑战，桂林市坚持以习近平新时代中国特色社会主义思想为指导，认真贯彻落实党的十九大和十九届历次全会精神，认真贯彻落实习近平总书记视察广西时的重要讲话精神和对桂林工作的一系列重要指示要求，认真贯彻落实中央和广西壮族自治区的各项决策部署，统筹推进疫情防控和经济社会发展，扎实做好"六稳"工作，全面落实"六保"任务，经济持续恢复，民生保障有力，社会和谐稳定，"十四五"实现良好开局，为建设世界级旅游城市迈出坚实步伐。2021 年桂林市生产总值达 2311.06 亿元，按可比价计算，比 2020 年增长 6.6%。2021

年一般公共预算收入 117.50 亿元，比 2020 年增长 5.4%；税收收入 73.66 亿元，增长 6.1%；桂林市居民人均可支配收入 29964 元，比 2020 年增长 8.0%。2021 年全市城镇居民人均消费支出 23335 元，增长 8.5%；农村居民人均消费支出 12358 元，增长 11.7%。桂林市经济运行总体保持增长，运行态势相对平稳。

一、发展概述

近年来，桂林市政府认真贯彻落实数字中国、网络强国战略，打造数字桂林，推动"双千兆"网络等新型数字基础设施快速部署，着力夯实数字社会底座。

基于优质的"双千兆"网络，桂林市的新型信息消费水平稳步提升，产业数字化转型全面提速，工业互联网、智慧医疗等应用加速落地，城市治理体系和治理能力现代化水平显著提升。

二、建设经验

桂林市政府高度重视数字经济基础设施、新一代信息技术产业和信息化建设，主要从以下 3 个方面开展工作。

一是强化规划的前瞻性、引导性作用。认真贯彻落实工业和信息化部《"双千兆"网络协同发展行动计划（2021—2023 年）》部署要求，夯实部门职责，指导产业发展，引领社会预期，推动"双千兆"网络高质量协同发展。

二是强化"双千兆"网络高质量供给能力。桂林市政府统筹推进5G 建设和应用，协调解决 5G 基站选址难、进场难等突出问题，清单化推进 5G 基站建设。桂林市住房和城乡建设局、通信发展管理办公室、市场监督管理局等部门加大监管力度，确保建设单位、基础电信企业等严格落实光纤到户的国家标准和建设工程配建 5G 基础设施的地方标准，有力推进固定宽带网络和移动宽带网络部署。

三是强化"双千兆"网络和产业深度融合的示范效应。桂林市鼓励基础电信企业、互联网企业和行业骨干企业聚焦产业数字化转型，开展面向不同应用场景和生产流程的"双千兆"协同创新，着力提升行业整体数字化水平。

三、成果成效

得益于政策的有力引导，桂林市的"双千兆"网络水平持续提升，为桂林市的产业数字化转型和数字经济发展，奠定了坚实的网络基础。

目前，桂林市已实现优质网络广域覆盖。截至 2022 年 7 月，桂林市已累计建成 5G 基站超 5700 个，每万人拥有 5G 基站数超 11 个，重点高校、重要交通枢纽、5A 景区重点场所 5G 网络通达率达 100%。5G 网络已实现区县（市）城市地区和乡镇连续覆盖，重点行政村以上地区有效覆盖。桂林市累计部署 10G-PON 端口 5.9 万个，具备覆盖超380 万户家庭的千兆光纤接入能力。

同时，"双千兆"用户结构持续优化。截至 2022 年 7 月，桂林市5G 个人终端用户超 150 万户，5G 个人用户普及率达 31%；千兆固定宽带接入用户超 40 万户，约占固定宽带用户总数的 21%。移动和固定宽带用户正在加速向 5G 和千兆宽带迁移，"双千兆"用户占比逐年提升。

基于优质的"双千兆"网络，桂林市的产业数字化创新应用加速涌现，形成了一批有创新性、可复制、可推广的应用试点项目。

从具体案例上看，桂林市结合 5G 摄像头和虚拟现实等技术，通过 5G "慢直播"等新兴旅游方式帮助中外游客实现"云游"桂林的梦想，让游客足不出户就可以在云端欣赏美景，不再受空间的限制，为智慧旅游带来了全新体验。

千兆城市－桂林

桂林医学院附属医院率先在广西壮族自治区开通了 5G 远程门诊业务，同时与恭城瑶族自治县医疗集团总院（县人民医院）实现了远程门诊问诊服务。借助 5G 远程医疗系统，基本建成了分工协作、高效运转的医疗服务共同体，为医疗急救争取到了宝贵的"黄金时间"。5G 远程门诊业务开通以来，恭城瑶族自治县医疗集团总院（县人民医院）为县域内乡镇卫生院远程影像诊断 9229 例、远程心电诊断

16850 例、远程超声诊断 580 例、疑难病例远程影像诊断 2843 例、远程病理诊断 12997 例、远程病例会诊 142 例。

基于中国移动千里眼桂林雪亮示范基地（全国二级平台——华南节点），从无物业小区监控切入，联合公安、政法系统广泛开展雪亮工程、平安乡村、明厨亮灶、一键报警、无人机监控等视频监控类项目，结合 5G 专网、边缘计算、AI 分析、5G 终端等进行应用升级，打造 5G 专网、5G+高清视频监控、5G+无人机应急保障、5G+AI 智能分析、5G+无人机漓江生态监管、5G+移动执法、5G 执法机器人等多种应用场景，构建桂林 5G 立体安防体系。该体系有效提升了桂林市的治安防控水平和人民群众安全感，助力桂林市打造最具安全感的世界级旅游城市。

金格电子在电工合金材料、绝缘材料国内市场占有率位居全国第一。金格电子工业互联网应用项目是全国首个在电工合金材料生产领域实际落地的"5G+AI 质检"项目，项目打造的基于 5G 网络的工业互联网，结合金格电子自研质检设备开展机器视觉检测、大规模数据采集等应用，项目落地后每年节省人力成本 500 万元，助力企业产品进入高端销售市场，替代进口材料，打破日本企业垄断地位。

四、未来规划

桂林市将进一步加大"双千兆"网络建设支持力度。鼓励各级政府机关、企事业单位和公共机构等所属公共设施向通信机房、5G基站、室内分布系统、杆路、管道及配套设施等建设开放。桂林市鼓励基础电信企业积极争取集团资源，加大"双千兆"网络建设力度，推动"双千兆"网络进一步向有条件、有需求的农村地区、偏远地区覆盖。

桂林市加大"双千兆"网络惠及民生力度。 鼓励基础电信企业面向低收入、老年人、残疾人等群体推出优惠资费措施，提升服务质量，让更多群众享受数字经济红利。桂林市聚焦群众关切，推动"双千兆"网络与教育、医疗、旅游等行业的深度融合，提升农村教育和医疗水平，促进基本公共服务均等化。

桂林市加大"双千兆"网络应用培育力度。 桂林市强化政策和资金综合集成，支持本地企业加大研发投入，突破关键核心技术。桂林市推动本地企业深化与华为、中兴通讯、基础电信企业等国内行业龙头的合作，以产业数字化提升市场竞争力，不断拓展"双千兆"网络应用场景，为建设世界级旅游城市持续助力。

千兆城市-百色

    百色市位于广西壮族自治区西部，北部与贵州省接壤，西部与云南省毗连，南部与越南交界，东部和东南部与南宁市、崇左市相连，东北部与河池市为邻。百色市辖12个县（市、区）135个乡镇（街道办事处），总面积3.63万平方千米，总人口400万人，是广西壮族自治区面积最大的地级市。百色市是一个集革命老区、少数民族地区、边境地区、大石山区、水库移民区"五区一体"的特殊区域，是著名的"芒果之乡"和重要的铝工业基地。1929年，邓小平、张云逸、韦拔群等老一辈无产阶级革命家曾在这里发动了"百色起义"，创建了中国工农红军第七军和右江革命根据地。百色市现有汉、壮、瑶、苗、彝、仡佬、回7个世居民族，少数民族人口占总人口的87%；与越南交界，边境线长359.5千米；百色市山地面积占95.4%。百色市是我国面向东盟开放合作的前沿和窗口，战略地位突出。2021

年，百色市实现地区生产总值 1568.71 亿元，同比增长 9.8%，增速排广西第六位；财政收入 166.93 亿元，同比增长 14.5%.

百色芒果是中国国家地理标志产品，具有核小肉厚、香气浓郁、肉质嫩滑、纤维少、口感清甜爽口等特点。

在多年的改革发展历史进程中，百色市积累了 5 个方面的发展优势。

一是政策优势。百色市是党中央高度关注的革命老区，享有《国务院关于新时代支持革命老区振兴发展的意见》《左右江革命老区振兴规划（2015—2025 年）》《西部陆海新通道总体规划》等政策支持，具备"百色生态型铝产业示范基地""全国政策性金融扶贫实验示范区""沿边金融改革示范区"等优势。2020 年 3 月 30 日，国务院批复设立广西百色重点开发开放试验区，为推动百色加快发展、长远发展提供了国家重大战略支持。广西壮族自治区人民政府及时出台《关于加快推进广西百色重点开发开放试验区高质量建设的若干政策》《关于印发广西百色重点开发开放试验区"三张清单"（2021 年试行）的通知》《加快推进新时代广西左右江革命老区振兴发展三年行动计划（2021—2023 年）》等优惠政策和相关文件，从自治区层面推动百色试验区建设和百色革命老区振兴，这些都为百色市的发展注入了强大的新动力。

二是区位交通优势。百色市是滇、黔、桂三省（区）交界的交通枢纽和物资集散地，是大西南出海通道进入广西腹地的咽喉城市，具有"东靠西联，承东启西"的特殊区位优势。目前，百色市正在加快融入西部陆海新通道建设，阔步迈进"公、铁、水、空、口岸"大发展时代。百色市高速公路通车里程已达840千米，位居广西壮族自治区前列；在建高速公路13条，共计578千米，2022年年底实现县县通高速目标；云桂高铁全线贯通，云桂沿边铁路（文山经靖西至崇左段）、黄桶至百色铁路、靖西至龙邦铁路列入国家《中长期铁路网规划》；百色至南宁航道由原来VI级标准提升到III级标准，右江1000吨级航道基本建成。百色市开通6条民航航线，通达北京、上海、广州、深圳等10个城市；2021年，百色机场航班累计起降2912架次，同比增长46.48%；旅客量累计18.11万人次，同比增长42.72%。百色市现有龙邦、平孟2个国家一类口岸，岳圩1个国家二类口岸和7个自治区级边民互市点，其中，龙邦边民互市贸易区是中越边境规模最大、通关服务最先进的互市贸易区之一。

三是资源优势。百色市矿产、水能和农林资源丰富，是我国十大有色金属矿区之一，铝土矿探明资源量达7.5亿吨，远景储量10亿吨以上，约占全国储量的1/4。百色市已具备氧化铝920万吨、电解铝237万吨、铝加工385万吨的生产能力，分别占广西壮族自治区比重的90.2%、79.8%、85.6%。2021年，百色市铝产业总产值963.14亿元，同比增长36.2%，占广西壮族自治区铝产业总产值的80.1%。目前，百色市正在加快推进国家172项节水供水重大水利工程项目——百色水库灌区工程建设，

2022 年年底基本完成引水骨干工程建设。2023 年 6 月可如期全面建成并整体发挥效益。届时，新水源的平均总引水量可达 1.14 亿立方米。百色市森林面积约 2.781 万平方千米，位居广西壮族自治区第一，林地面积约 2.87 万平方千米，居广西壮族自治区第一，采伐限额 650 万立方米，居全区第二。百色市有植物资源 2000 多种，居广西壮族自治区之首，素有"土特产仓库"和"天然中药库"之称。

四是生态优势。百色市是珠江上游重要的生态安全屏障之一，是广西壮族自治区的重点林区和生态保护建设重点地区，山清水秀，空气清新，风光秀丽，生态优势"金不换"。百色市拥有广西岑王老山国家级自然保护区、广西靖西邦亮长臂猿国家级自然保护区、广西金钟山黑颈长尾雉国家级自然保护区、广西雅长兰科植物国家级自然保护区。2021 年，百色市森林覆盖率达 72.81%，空气优良率为 95.9%，空气质量达到国家城市标准，地表水质排全国第 6 位。

五是人文旅游优势。百色市人文底蕴深厚，历史文化、山水生态和红色旅游资源丰富。布洛陀、北路壮剧、壮族民歌、壮族织锦技艺、壮族嘹歌、瑶族铜鼓舞、田阳壮族狮舞被列入国家非物质文化遗产名录，隆林各族自治县被誉为"活的少数民族博物馆"，那坡县黑衣壮被称为"壮族活化石"。目前，百色市是广西壮族自治区布局的桂西养老长寿产业示范区，国家全域旅游示范区创建市。百色市拥有世界地质公园 1 个，国家

5A 级景区 1 个，国家 4A 级景区 22 个，3A 级景区 22 个。

党的十八大以来，百色市在党中央、自治区党委的坚强领导下，充分发挥政策优势、交通优势、资源优势、生态优势，抢抓机遇，深入实施扶贫开发、交通发展、产业发展、城镇化建设"四个优先"和"再造一个工业百色""再建一座百色新城"等重大决策部署，主动融入国家"一带一路"倡议和西部陆海新通道建设，实现了经济社会平稳较快发展，逐步实现了从传统农业地区向工业城市、从交通末梢向区域交通枢纽、从西南边陲向开放合作前沿的重大历史性转变。

下一步，百色市将坚持以习近平新时代中国特色社会主义思想为指导，统筹推进"五位一体"总体布局，协调推进"四个全面"战略布局，准确把握新发展阶段，抢抓用好新发展机遇，全面贯彻新发展理念，加快融入新发展格局，按照党中央、国务院和自治区党委、政府的决策部署，加快建成左右江革命老区核心城市，高质量建设百色重点开发开放试验区，奋力谱写新时代中国特色社会主义壮美广西百色新篇章。

一、发展概述

近年来，百色市深入贯彻落实国家数字中国、网络强国战略，持续推动《"双千兆"网络协同发展行动计划（2021—2023 年）》等战略部署，夯实城市数字化转型和数字经济发展的战略基石。

依托坚实的信息通信基础设施支撑，百色市深入实施大数据战略，加快数字百色建设，深化新一代信息技术在赋能传统产业转型升级和特色产业加速发展、助推政务治理体系和治理能力现代化、打造数字民生服务体系等领域的应用并取得实效，推动经济社会高质量发展。

二、建设经验

一是加强规划引领作用，筑牢顶层设计基础。为继续保持广西壮族自治区"双千兆"网络引领优势，促进5G和千兆光网建设覆盖、应用普及和行业赋能，广西壮族自治区通信管理局印发《广西"双千兆"网络协同发展行动计划（2021—2023年）》。为加快5G网络建设、促进产业转型升级，百色市于2020年3月出台了《百色市贯彻落实广西加快5G产业发展行动计划的实施方案》，明确了推进5G网络基础设施建设、加快5G示范应用等多项任务，深化5G网络在各领域的应用。2022年4月25日，百色市批复并实施《百色市5G通信基础设施专项规划（2021—2025年）》，进一步优化了全市5G基站及其配套设施布局，为百色市通信基础设施共建共享、有序建设提供了重要指导依据。

二是建立健全协调机制，加强双千兆网络建设保障。为统筹推进5G通信基础设施建设和5G产业发展，百色市政府于2019年11月成立数字百色信息通信基础设施会战暨5G产业发展联席会议制度。依托联席会议制度，协调推进公共设施开放共享，重点解决5G基站选址难、进场难等问题。此外，百色市住房和城乡建设局、大数据发展局、通信发展管理办公室等部门联合印发《关于进一步落实光纤到户国家标准 规范通信设施建设管理的通知》，进一步规范了通信设施建设管理，为百色市推进落实光纤到户工作奠定了良好的基础。

三是稳步推进通信设施建设，深化"双千兆"融合赋能。为确保5G网络建设稳步推进，百色市明确了5G通信网络统筹、各基础电信企业协同推进的5G网络建设模式，优先推进全市交通干线、重要交通枢纽场所、热点区域等重点区域的5G网络覆盖，构建连续覆盖的5G网络。百色市组织基础电信企业加快千兆光纤建设，推动千兆光网向农村区域延伸，基本实现百色乡镇全覆盖。百色市鼓励基础电信运营商和互联网企业围绕本地产业，开展5G、大数据、人工智能等技术的融合应用，推动氧化铝电解铝、水泥等百色市传统产业转型升级，赋能百色芒果、红色旅游等特色新兴产业加速发展。

三、成 果 成 效

目前，百色市已经实现乡镇以上和重点行政村"双千兆"网络全覆盖，并不断向农村延伸。城市家庭千兆光纤网络覆盖率达125.4%，10G-PON端口占48%，重点场所5G网络通达率达100%，每万人拥有5G基站数15个。500Mbit/s及以上用户达112万户，500Mbit/s及以上用户占27.8%，5G用户达104.5万户，占比35%。

在此基础上，百色市积极推动"双千兆"网络协同应用，在经济发展、民生服务、智慧政务等领域涌现出一批优秀的应用案例。

经济发展方面。吉利百矿智能矿山项目作为全国首个井下F5G和5G的融合网络，通过一张网综合承载5G基站及传统工业环网业务。F5G与5G实现了有线+无线的互补，实现了综采面网络全覆盖，承担了各种移动类型装备的接入。F5G和5G融合网络优势让百矿智能化应用需求成为现实。该项目通过建设 F5G+5G 全光环网，利用网络搭载 5G+智能综采、5G+全面感知、5G+架空人车无人值守、5G+AI+视频智能分析，将百矿打造成为高效、节能、安全的智能矿山。中铝 OnePark 智慧工业园区应用项目根据中铝集团厂区的实际情况，基于 5G+智能应用的建设思路，建设企业安全生产综合管理中心、人工智能监控识别管理平台等相关数字信息管理系统，为园区安全生产引入智能化系统，提升厂区管理、维护的能力。功能齐全、智能化的智能监管系统，对提升厂区安全防范水平和服务质量有着重要的意义。

广西龙邦智慧口岸项目建设智慧口岸标杆，5G 无线覆盖和园区有线千兆网络相融合，满足了龙邦口岸网络的覆盖要求。该项目通过 5G+AI 调度指挥中心、5G+大数据交互仿真两个核心应用系统，构建了龙邦智慧口岸 5G 应用创新点，打造了智慧口岸标杆，通过专人自动辅助驾驶及无人智能驾驶，应对跨境卫生和检验检疫重大挑战。

民生服务方面。百色市打造"5G+千兆光网智慧教育云直播同步互动课堂"，惠及百色 12 个县（市、区）所有中小学校，实现全市学校班级通网络、3000 多名老师参与教学、近 40 万学生上同一节课，助推全市乡村学校开齐开足国家规定课程，有效解决了乡村学校教师和优质教学资源不足的难题，加速推进教育优质均衡发展。右江民族医学院附属医院建成基于 5G+MEC 的智慧云上远程诊疗平台项目，将分级诊疗制度落到实处，有效缓解了医疗资源分布不均的状况。

智慧政务方面。百色市将千兆光网等新一代信息技术融入电子政务外网建设，为数字政府建设提供了坚实的网络支撑，强化了精准治理能力。在此基础上，百色市深化"天网"工程、河道"天眼"等项目建设，有效提升了城市的治理能力。鼓励基础电信企业推动"百姓天网"建设，实现乡村公共安全视频监控覆盖，进一步解决了乡村安全问题，而且还为外出务工村民提供远程看护服务，解决村民的后顾之忧。

2021 年 12 月 24 日，工业和信息化部组织召开全国首届"千兆城市"高峰论坛。凭借"双千兆"网络建设及应用上的突出成果，百色市成为全国首批 29 个"千兆城市"之一。

四、未来规划

下一步，百色市将坚持以习近平新时代中国特色社会主义思想为指导，深入学习 2021 年 4 月习近平总书记视察广西壮族自治区、视察百色市时的重要讲话和重要指示精神，立足新发展阶段，持续深化千兆城市建设，加快 5G、千兆光网等技术在各个领域融合应用，进一步支撑数字百色建设。

一是加快城市通信基础设施建设，全力支撑算力数据信息交互。百色市以实施《广西壮族自治区建筑物通信基础设施建设规范》为抓手，推进公共建筑、公共设施开放共享和智慧杆塔建设，推动"双千兆"网络深度覆盖；深度融入共建"一带一路"大格局，建设国际互联网数据专用通道，完善数据中心、工业互联网、车联网等新型数字基础设施，加快推进"5G+"网络商业技术融合发展。

二是加快 5G 示范应用，为数字经济发展赋能。百色市围绕精准治理，推进 5G 与政务治理体系深度融合，有效支撑城市的规划建设、应急指挥和管理决策。在医疗、教育、交通等民生服务领域，打造一批 5G 示范应用。百色市深化工业互联网示范城市建设，在矿山、铝工业等领域建设基于 5G 网络的工业互联网，深耕"双千兆 + 工业互联网"

融合应用，有力地支撑地方实体经济数字化、智能化转型。

三是加快信息消费应用创新，促进新兴业态发展。百色市大力推动数字贸易，支持新零售、在线教育、互联网医疗等新业态建设，培育壮大一批新产业、新业态、新服务。百色市加快"双千兆"网络在超高清视频、AR/VR 等消费领域的业务应用，带动新型内容消费和新型体验类消费发展，推动大众消费转型升级。

千兆城市－成都

成都市，简称"蓉"，下辖 12 个市辖区、3 个县，代管 5 个县级市。成都是四川省省会，也是全国 15 个副省级城市之一，是成渝地区双城经济圈建设的极核城市，是全国重要的经济中心、科技中心、金融中心、文创中心、对外交往中心和国际综合交通通信枢纽。截至 2021 年年底，成都市总面积约 14335 平方千米，常住人口为 2119.2 万人，家庭总户数 741.98 万户。成都市实现地区生产总值 19917.0 亿元，按可比价格计算，比 2020 年增长 8.6%。2021 年全市完成财政总收入 1697.9 亿元，同比增长 11.7%，成都市全体居民人均可支配收入 42075 元，比 2020 年增长 6.5%。人均消费性支出 28736 元，下降 3.3%。在通信行业方面，成都市是全国骨干网八大核心节点之一，是国家级互联网骨干直联点城市、全国首个特大型全光网城市、全国首个千兆省会城市、全国首批 5G 试点及商用城市，也是国家数字经济创新发展试验区和成渝地区工业互联网一体化发展示范区。

一、发展概述

信息基础设施是国家信息化建设的基础支撑，也是保证社会生产和人民生活基本设施的重要组成部分。2021 年，成都市坚持以习近平新时代中国特色社会主义思想为指导，认真贯彻落实党中央、国务院和四川省委、省政府决策部署，抢抓成渝地区双城经济圈建设重大机遇，构建支撑高质量发展的国际门户枢纽，提升国家中心城市国际竞争力和区域辐射力，全面增强国际性区域通信枢纽功能，不断提升信息基础设施能级。成都市培育壮大数字经济发展新动能，以"双千兆"网络协同发展行动计划统领，进一步加快推进"千兆城市"建设，补齐信息基础设施短板，提高城市综合承载力，持续推动成都市信息基础设施建设的全面提速。成都市为建设"智慧蓉城"夯实数字底座体系，建设践行新发展理念的公园城市示范区提供坚实可靠的网络支撑。

二、建设经验

在推进"千兆城市"建设及"双千兆"协同发展上，成都市主要从以下 4 个方面开展工作。

一是加强组织领导。成都市委、市政府高度重视"双千兆"城市建设工作，建立健全"主要领导亲自抓、分管领导具体抓、多部门协同配合"的工作机制。成都市经济和信息化局会同成都市通信发展办公室定期组织相关单位、部门和基础电信企业召开工作协调会，集中收集"双千兆"城市建设中存在的困难与问题，加大督办推进力度。成都市通过提升各单位政治站位，及时分解目标任务，强化主体责任意识，加快推动"双千兆"城市建设工作。

二是强化顶层设计。成都市制定印发了《建设国际性区域通信枢纽行动计划（2017—2022年）》《成都市新型基础设施建设行动方案（2020—2022年）》《成都市5G产业发展规划纲要》和《成都市促进5G产业加快发展的若干政策措施》，强化成都市建设"双千兆"城市建设的目标和定位，并明确提出实施超高速光纤宽带网建设和新一代移动通信网建设工程的目标和具体措施。

三是场景应用加速千兆网络建设。成都市率先提出"场景营城"，坚持以场景应用牵引产业发展，通过应用场景吸引企业、技术、人才、资金等高端要素反哺新型信息基础设施建设，进一步深化"双千兆"网络与智能制造、医疗、交通等垂直行业的融合创新发展，形成"双千兆"网络赋能千行百业的"成都方案"。

四是改善通信服务营商环境。成都市出台《成都市公用移动通信基站规划设置管理暂行办法》和《成都市通信基础设施建设技术导则》，规范成都市通信基础设施建设。同时，为加快提高成都市通信工程建设项目接入效率，提升服务质量和水平，多部门联合印发了《关于做好工程建设项目审批涉及通信接入服务管理工作的通知》，确保各基础电信企业平等接入。

三、成果成效

（一）"双千兆"网络基础设施建设情况

从2015年建成全国首个特大型全光网城市以来，成都市持续推进千兆接入网改造升级，全域行政村光网通达率达 100%，建成全国首个千兆省会城市，实现千兆网络全覆盖。目前，成都市城市 10G-PON 端口占比达 34.06%，城市家庭千兆光纤网络覆盖率达 93.69%。

成都市全面推进 5G 网络建设，提升 5G 基础设施供给水平，率先实现 5G 独立组网规模部署，5G 网络质量全国领先，在基本实现了五环路范围内 5G 室外信号连续覆盖、郊区市县城区 5G 室外信号连片覆盖、乡镇 5G 信号全覆盖的基础上，持续推进重点区域深度覆盖和各产业功能区功能性覆盖。目前，成都市重点场所 5G 网络通达率达 100%，每万人拥有 5G 基站数达 16 个。

（二）"双千兆"用户发展情况

成都市积极协调各基础电信企业按照国家提速降费相关要求，推进 500Mbit/s 及以上高带宽在家庭和中小企业用户中普及，降低高带宽成本支出，争取更多用户向"双千兆"套餐迁移。目前，成都市 500Mbit/s 及以上用户占比达 26.66%，1000Mbit/s 用户数超 88 万户；5G 用户数占比达 32.71%。

（三）"双千兆"应用创新情况

成都市作为全国首批 5G 商用城市，5G 产业整体发展呈高速态势。成都市率先在全国编制了 5G 产业发展规划，同步出台了支持 5G 产业加快发展的政策措施，明确以建设具有全球影响力的 5G 产业聚集地为主攻方向，围绕重点行业、重点领域，积极推进"双千兆"示范应用，培育行业典型应用场景，将成都市建设成 5G 网络供给全国领先、行业应用深度融合、核心生态高度汇聚、产业聚集效应凸显的中国 5G 创新名城。

在 5G+智慧教育领域。 成都锦城学院充分结合 5G 时代人才需求及发展新思想，利用"5G 实验网络 + 行业应用"的模式，建设无人机实验室、物联网实验室、2G/3G/4G 和量子通信实验室与 5G 通信实验室等，为培养 5G 创新型专业人才提供了扎实的教育平台；成都移动、中国移动（成都）产业研究院助力成都高新区、武侯区、简阳市等教育部门基于双 5G 网络，打造 5G +AI 平安校园、5G+VR 智慧教室、5G+远程同步课堂、5G+校园物联等创新应用场景，为教育部门和学校的决策提供可靠依据，推动实现教育资源均衡化、教育能力个性化、教育管理智慧化。

在 5G+智慧医疗领域。 四川大学华西医院 5G 跨区域重症智慧监测预警体系与综合应用，在重症医学实践方面融合了 5G 革命性技术，通过 5G 重症专网建设和 5G 生命体征与诊疗设备数据采集传输技术研发，开发监测与预警软件平台并示范应用，创新跨区域重症救治先进医疗模式；四川省人民医院建成全国首个生命救援"高速通道"，将部分急诊工作前移到急救车上，最快速度、最大限度地提升抢救质量，节约抢救时间，让患者"上车即入院"；四川移动、北京连心科技助力四川省肿瘤医院打造"云放疗"，依照"大病不出县"的原则，实现省、市、县三级医院远程放疗协同，为龙头医院和基层医院提供一套集影像数据共享、肿瘤 AI 勾画、放疗作业协同、高清视频会诊于一体的医疗云放疗服务。

在 5G+工业互联网领域。 成都市推动基础电信企业持续升级工业互联网企业外网，打造低时延、大带宽、广覆盖、可定制的高质量外网。基础电信企业联合富士康打造的 5G 智能无忧工厂应用入选首批"灯塔工厂"，联合通威集团打造通威太阳能 5G+IGV 国家智能制造示范基地。

在 5G+应急救援领域。 成都市发布全国首个 5G 网联无人机管理运营平台，以 5G 网络为核心切入点，利用 5G 无线网络与无人机建立远程连接，在技术上提供更可靠的通信链路和更精准的无人机动态数据，不仅能实现无人机实时远程监视和精准操控，还能极大地提升无人机飞行管控、垂直行业应用、增值服务的能力。

在 5G+智慧交通领域。 成都市率先建成全国第一条最大规模 5G 公交环线、全国第一个 5G 精品示范街区和西南地区首个 5G 智能网联及 L4 级自动驾驶高速封闭测试场。蜀道集团与中国移动（上海）产业研究院联合实验室在感知算法、高速特色应用场景、云控体系及现有设备复用等方面进行研究，共同探索并形成了一个更经济、更实用、更便捷、更持续的智慧高速 V2X 全天候通行解决方案，通过车路协同预警、诱导服务，提高特定恶劣气象条件下车辆通行的安全性。

在 5G+智慧体育领域。 2019 年，第 18 届世界警察和消防员运动会采用了全球首次 5G+4K/8K 超高清直播，2023 年的第 31 届世界大学生夏季运动会(以下简称"大运会")将以赛事成绩、赛事管理、赛事指挥、综合管理等为支撑，打造管理规范、标准统一、无缝覆盖的智慧管理体系，建设赛事信息化系统，实现大运会组织有序、指挥有力、管理有方，全面提升成都市大运会组织管理和办赛水平。

四、未来规划

下一步，成都市将按照国家整体部署，结合城市发展布局分步实施，2025 年建成不少于 9 万个 5G 基站，建成全国领先的 5G 精品网络。成都市依托现有的优势产业，以典型场景示范应用为切入点，加快构建具有成都特色的 5G 产业生态体系。成都市推动消费级视频应用，在游戏、建模、虚拟社交等领域提供实时沉浸式云 VR+互动业务体验；推动企业级视频应用，重点在交通、环保、安全防护等领域开展创新应用。依托成都市在医疗卫生、医疗器械制造领域的资源优势，面向智慧医疗、智慧康养领域，开展 5G 远程医疗、5G 康养助老服务试点示范。成都市依托全国领先的工业无人机产业基础，开展 5G 网联无人机在物流、应急通信保障、重点行业监测及应急抢险救援等领域应用试点示范。成都市围绕工业互联网网络、平台、应用，开展基于 5G 的工业互联网试点示范工程。成都市建设"无人驾驶"智慧小镇，构建"车路人云"高度协同的互联环境，试点开展自动驾驶、无人驾驶等高级应用示范。

千兆城市－泸州

泸州市位于四川省东南部，东侧与重庆市和贵州省接壤，南侧与贵州省连接，西侧与云南省和四川省相连，北侧接四川省内江市和重庆市，是川渝滇黔结合部区域的中心城市。泸州市面积约 1.2 万平方千米，拥有户籍人口 506 万人，常住人口 425 万人。2021 年泸州市实现地区生产总值 2406.08 亿元，按可比价格计算，比 2020 年增长 8.5%，两年平均增长 6.3%。泸州市是著名的中国酒城、全国文明城市、国家智慧城市试点城市、"宽带中国" 示范城市、全国社会信用体系建设示范城市、工业和信息化部公布的 2020 年特色型信息消费示范城市，也是四川省唯一的数字城市试点城市。拥有中国（四川）自由贸易试验区川南临港片区、综合保税区、跨境电商综合试验区、进境粮食指定口岸、进口肉类指定监管场地、泸州国家高新区六大国家级开放平台。

泸州风貌

一、发展概述

近年来，泸州市深入贯彻数字中国、网络强国战略，大力发展数字经济，推动"双千兆"网络等新型基础设施建设，夯实数字基础设施。抢抓四川省建设国家数字经济创新发展试验区等叠加机遇，着力建设四川省数字经济发展创新示范区，明确打造"信创产业要塞 数字创新名城"战略目标，全力推动数字经济发展，以数字化赋能新时代区域中心城市建设。

二、建设经验

在推进"千兆城市"建设及"双千兆"协同发展上，泸州市主要从以下4个方面开展工作。

一是成立专项工作领导小组。 泸州市成立了以泸州市政府主要领导为组长的泸州市推进 5G 建设工作领导小组，统筹推进和协调 5G 建设和应用推广相关事宜。通过召开专题工作会进一步压紧责任、落实任务。

二是出台专项政策支持。泸州市通过出台《关于开展泸州市 2020 年加快 5G 发展专项行动的通知》《加快推进新型基础设施建设行动方案》《泸州市 5G 网络普及和应用推广实施意见》等多项政策措施细化工作举措，通力协作共同推动以 5G 为代表的新型基础设施建设快速发展。

三是积极开展专项合作。泸州市政府先后与四川电信、四川移动、四川联通、四川铁塔签订了战略合作协议，全力支持各电信运营商在泸州市开展通信基础设施建设，推广"双千兆"应用。国家电网泸州供电公司与泸州铁塔签订了战略合作协议，在电力杆塔使用、电力报装绿色通道等方面提供了有效的支持。

四是评选示范项目发挥标杆引领作用。泸州市先后遴选出泸州银行"基于 5G 消息的金融服务"等 3 个项目作为"泸州市第一批 5G 应用产业示范项目"，西南医科大学附属医院等 7 个区域作为"泸州市第一批 5G 应用区域示范项目"，"5G ＋ 智慧校园教育管理"等 7 个项目作为泸州市"双千兆"应用示范项目名单。通过各示范单位推广成功经验，扩大项目覆盖面，充分发挥示范项目的引领带动作用。

三、建 设 成 效

一是基础设施建设成效显著。目前，泸州市已实现优质网络广域覆盖。截至 2022 年 6 月，泸州市已累计建成 5G 基站超 5300 个，每万人拥有 5G 基站数约为 12.5 个，重点场所 5G 网络通达率达 100%。5G

网络已实现城市地区连续覆盖，重点行政村以上地区有效覆盖。泸州市累计部署 10G-PON 端口超 3.5 万个，城市地区 10G-PON 端口占比约 40%，城市家庭千兆光纤网络覆盖率 115%。

同时，"双千兆"用户结构持续优化。截至 2022 年 6 月，泸州市 5G 个人终端用户超 207 万户，5G 个人用户普及率达 43%；城市地区 500Mbit/s 及以上固定宽带接入用户超 70 万户，约占固定宽带用户总数的 37%；城市地区 1000Mbit/s 及以上固定宽带接入用户超 18 万户，约占固定宽带用户总数的 10%。移动和固定宽带用户正在加速向 5G 和千兆宽带迁移，"双千兆"用户占比逐年提升。

二是"双千兆"广泛应用。 随着"双千兆"网络不断普及和应用，泸州市电信运营商积极对接社会各行各业推广"双千兆"应用，涌现了一批典型应用案例，主要涉及应急救援、医疗、白酒、港口、教育等行业领域。

1．5G+地震应急救援

（1）5G 网联无人机技术精准搜救

在"9·16"泸县地震期间，泸州市利用 5G 网联无人机结合 5G 机载通信终端"哈勃一号"，对受灾区域灾害隐患点进行全方位排查，及时安排救灾措施。5G 无人机实施救援飞行 23 架次，覆盖面积 18 平方千米，为各救援单位输出关键信息 62 项。

（2）5G+医疗远程会诊

在四川移动和四川省人民医院的大力支持下，泸州市利用 5G 医疗设备并通过 5G 网络将医学影像、病人体征、病情记录等大量信息实时回传到医院，极大地缩短了抢救响应时间，为病人争取更大生机。在"9·16"泸县地震救援中实施 5G 远程医疗救治 36 次。

2．5G+白酒工业互联网

醉清风酒业股份有限公司联合泸州电信打造基于 5G 智酿云的数字化无人工厂，使用机器人进行操作，实现传统白酒酿造系统智能化，完成对白酒酿造的智能调度运维管理、智慧温度控制酿造管理等，实现生产制造、销售、运输等环节一体化，促进白酒生产由传统模式转向量身定制，实现数字化转型。

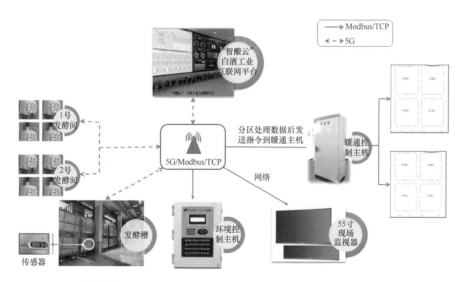

3．5G+智慧港口

泸州临港信息集团公司和泸州电信共同打造四川首个应用于港口场景的 5G 港口专网，将 5G 技术和泸州集装箱码头业务应用深度融合，充分利用5G低时延控制、大带宽上传、高可靠连接的技术优势，改变传统港口网络传输的固有形态，逐步推动远程高清监控、货船人工智能分析、高精度定位、智能网联汽车等应用的升级和创新，助力港口操作智能化、物流服务电商化、企业管理平台化，提升港口运营效率，推动建设"绿色、低碳、智慧"型港口。

4. 千兆宽带+智慧教育

泸州市建成龙马教育千兆高清IPTV网络学习平台，设置了教育新闻、政策发布、便民服务、学习资源、学生发展、问卷调查等板块。在四川省率先开通了教育电视IPTV，实现了泸州市龙马潭区"电信千兆光纤电视IPTV+互联网"的教育资源全覆盖。龙马潭区近5万名学生通过该平台进行了线上学习，有力支撑了新冠肺炎疫情期间停课不停学。

四、未来规划

一是持续推进"双千兆"网络建设。泸州市将持续巩固提升千兆城市创建成果，促进5G和千兆光网深度覆盖，夯实新型信息基础设施建设，支撑泸州市"一体两翼"特色发展战略，引领川渝地区泸永江融合发展示范区新基建发展。在 5G 方面，泸州市预计到 2023 年 5G 基站总量达到 8000 个，5G 个人用户普及率超过 50%；在千兆宽带方面，加快行政村千兆光网建设，到 2023 年基本达到城乡宽带网络质量趋同。

二是积极推动"双千兆"应用发展。 泸州市深化新型信息基础设施在各行业的融合应用，打造基于千兆网络的行业数字化应用场景，建设高品质宜居的公园城市。依托泸州优势产业，泸州市推出一批"双千兆"应用示范项目，重点推进 5G 在白酒、医疗、教育、工业互联网等领域的普及应用。泸州市积极开展跨行业信息基础设施合作共建试点，力争在教育、医疗行业率先获得突破。

三是优化数字经济产业发展。 泸州市依托区块链、大数据等新技术，优化提升数字产业，推动传统产业数字化转型，建设"产业大脑"，促进"泸州制造"快速升级为"泸州智造"，在数字物流、数字金融、数字信息消费等领域形成一批有全国影响力的场景应用，打造产业标杆，助力新经济、新业态、新模式发展。

千兆城市-泸州

千兆城市-绵阳

城市名片

　　绵阳是党中央、国务院批准建设的我国科技城、四川第二大经济体和成渝城市群区域中心城市。绵阳辖5县3区1市，代管四川省政府科学城办事处，现有街道办事处13个、乡镇153个。绵阳面积2.02万平方千米，常住人口486.82万人，常住人口城镇化率51.66%，主城区建成面积167.58平方千米、常住人口141.97万人。绵阳素有"富乐之乡、西部硅谷"的美誉，享有全国文明城市、国家卫生城市、国家森林城市、国家园林城市、国家环保模范城市、中国优秀旅游城市、全国科技进步先进市、国家知识产权示范城市、全国创业先进城市、国家新型工业化产业示范基地、国家电子商务示范城市、国家产城融合示范区、全国双拥模范城、全国人民防空先进城市等称号。2021年，绵阳市实现地区生产总值3350.29亿元，同比增长8.7%，规模以上工业增加值增长11.4%，社会消费品零售总额达1652.16亿元，全社会固定资产投资增长11.0%，地方一般公共预算收入增长 12.9%，城乡居民人均可支配收入分别增长 8.7%、10.5%。

国家领导人专门就绵阳科技城建设做出重要指示、批示，四川省委、省政府专门出台《关于推进中国（绵阳）科技城加快发展的意见》。绵阳正坚定地以习近平新时代中国特色社会主义思想为指导，认真落实党中央、国务院和四川省委、省政府决策部署，抢抓机遇、乘势而上，在新的起点上全面建设中国科技城和社会主义现代化绵阳，努力为推动治蜀兴川再上新台阶和夺取全面建设社会主义现代化国家新胜利做出更大贡献！

一、发展概述

近年来，绵阳市积极推动通信基础设施建设，经过不断努力，绵阳市通信网络建设屡创佳绩。2014 年 10 月，绵阳市荣获国家"宽带乡村"示范市；2015 年 9 月，绵阳市建成全国首批"全光网城市"并成为国家"宽带中国"示范城市；2016 年 12 月，绵阳市荣获国家"宽带中国"示范城市最佳实践奖；2019 年 6 月，绵阳市入围中国移动通信集团全国 50 个"精品千兆示范城市"名单；2019 年 10 月 31 日，绵阳市成功入围中国电信集团、中国移动通信集团 5G 首发城市名单，成为全国首批 5G 商用城市中唯一的西部地区非省会地级市；2021 年 12 月，绵阳市获评全国首批"千兆城市"。

绵阳市密集出台了一系列政策措施，促进 5G 和千兆光网建设覆盖、应用推广和行业赋能，并取得了较好的成效。绵阳市在政府治理、产业发展、城市安全管理、服务民生等方面实现应用场景，推进 5G 和千兆网络应用试点，形成一批应用解决方案。

二、建设经验

绵阳市以 5G 建设及"双千兆"城市发展为契机，主要从以下 3 个方面开展工作。

一是坚持规划引领、强化政策支持。绵阳市认真贯彻落实工业和信息化部《"双千兆"网络协同发展行动计划（2021—2023 年）》部署要求，编制出台了《绵阳市人民政府关于加快 5G 发展的实施意见》《绵阳市信息通信基础设施建设管理办法》《关于加快推进"双千兆"城市建设的通知》《关于印发〈绵阳市跨行业信息通信基础设施合作建设行动方案〉的通知》等多个政策性、规范性文件。同时，编制完成了《绵阳市通信基础设施专项规划（5G 增补）（2017—2035）》，目前已通过规划委员会审议。这些政策、规划的出台为绵阳市通信基础设施发展尤其是 5G 建设、"双千兆"城市建设提供了有力的政策保障。

二是针对痛点问题强化降本增效。针对 5G 网络建设和运营中高额场租、转供电随意加价的问题，绵阳市积极落实《四川省电信设施建设和保护条例》，在四川省率先以机关、事业单位及医院、学校等政府出资的公共机构等为突破口，全面梳理了辖区内公共机构收取高额场租和转供电不合理加价情况，细分责任，有序推进公共机构场地向电信业务经营者无偿开放。截至目前，绵阳市共计完成免费开放及场租压降计 332 个站点，每年可节约场租费用 241 万元；电费单价压降 830 个站点（含转改直），年度节约电费约 1327 万元，每年为行业节约电费和场租成本约 1568 万元，有效降低了通信运营成本，提升了通信运营企业建设的积极性。

三是建立健全机制强化层级联动。绵阳市针对乡镇电信基础设施建设投入大、维护难、用地补偿费用高、迁改协调困难、通信基础设施保护意识不够等问题，建立市、县、乡三级电信设施建设和保护协调机制，协调解决辖区电信设施建设和保护工作中存在的问题，指导协调各村（居）民委员会做好相关工作，与电信运营企业建立常态化沟通协调机制。目前，三级联动机制通过试点并取得成效后已在绵阳市范围推广。

三、成果成效

积极推动中国联通下一代互联网宽带业务应用国家工程实验室绵阳分实验室、中国移动（成都）5G 产业研究院绵阳分院、四川省光波分路器集成技术工程实验室落户绵阳，大力推动技术创新和应用创新。其中，华为与绵阳电信合作全球首个 FDD 40MHz HDSS 创新解决方案并实现规模部署。同时，绵阳市组织本地 50 余家企业组建"科技城5G 智造联盟"，联合本地以长虹、九洲为代表的优势企业，积极开展产业协同创新，目前已研发出 5G 工业 DTU、全千兆双频 CPE、8K超高清智能机顶盒、Wi-Fi 6、5G 边缘计算一体化机房等多款产品并具备量产能力，均已纳入运营商集团采购目录名单。绵阳市华丰高速连接器、九华高速光模块等产品已成为华为等网络设备企业千兆网络产品的关键核心部件。截至 2021 年年底，绵阳市 5G 通信产品类企业有 26 户，形成规模近百亿元，有效助力"双千兆"城市建设和产业发展。

截至目前，绵阳市 5G 逻辑站超 7900 个（按室内基带处理单元统计超 4600 个），5G 终端用户数超 149 万户，城市地区 10G-PON 端口数接近 7 万个，城市地区 10G-PON 端口占比超 37.62%，家庭千兆用户数超 17.5 万户，5G 个人用户普及率达 30.33%；城市地区 500Mbit/s 及以上固定宽带接入用户接近 70 万户，"双千兆"网络已实现对县城以上地区、重点乡镇、交通枢纽、工业园区、重点现代农业产业示范园区和重点景区的覆盖，为信息通信服务产业的发展打下坚实的基础。

绵阳市在城市安全、工业互联网、服务民生等多个应用场景推进 5G 和千兆网络应用试点，形成了一批有特色的应用解决方案。

在 5G+城市安全管理方面，绵阳市应用 5G+北斗技术，在市政 22 座桥梁、678 个地质灾害点安装位移监测系统，在 2020 年涪江发生特大洪水期间，利用北斗增强系统毫米级位移监测能力和 5G 的大带宽、低时延传输能力，精准监测桥梁的安全状态，实现了对桥梁安全实时监测，在事故预警、桥梁养护、桥梁维修等方面发挥了重要的作用。截至目前，四川省已有 2000 余个地质灾害点、40 余座桥梁、380 余个煤矿实施"7×24"小时实时监控，以保障人民生命财产和安全生产。

在 5G+工业互联网方面，绵阳市在多个应用场景开展 5G+工业互联网试点，其中，四川华丰连接器生产线项目，通过中国联通与长虹技术团队合作攻关，已实现 5G 超高上行 450MB 稳定宽带，充分运用 5G+AI 极微质检云平台技术，结合华丰 MES 生产管理系统，重构产业人工智能生产线，实现产线设备预见性维护、产线质检人员少人化、全生产线可视化调度等。目前，单条生产线可直接减少 10 名员工（每人年薪 10 万元），每年可节约人工成本 100 万元，生产效率提升 10 ～ 15 倍，良品率提升至 99% 以上，极大地提升了产线的生产效率，助推了企业提质降本增效。

长虹智能智造产业园建成了国内首批 5G+工业互联网生产线，同时，该项目已入选工业和信息化部首批工业互联网创新工程项目，并建成四川省首个电子信息行业标识二级解析节点。

在拓展 5G+无人机应用方面，绵阳市积极推动北川通航产业园 5G 网联无人机产业生态建设，利用 5G、AI、大数据应用拓展应用场景，在 2020 年 4 月森林火情处置中，实现对火情精准定位，实时分析，定点扑灭；在电力线路日常巡检中，实现超 100 千米线路的无人机定点巡查，与传统人工巡检方式相比，可降低巡检成本超 80%，效率提升 4 ～ 5 倍；在北川通航产业园成功运用低空域管理平台，实现了飞航数据服务验证。

四、未来规划

　　入选国家首批千兆城市，将进一步促进绵阳市加快信息通信基础设施建设，提升应用水平。后续，绵阳市将持续以应用创新为先导，推动5G、千兆光网与垂直行业深度融合，力争在车路协同、智慧家庭、智能制造、AR/VR等多领域寻求突破，在全国形成有影响力的5G"双千兆"应用示范区。同时，绵阳市将继续培育和孵化5G"双千兆"相关产业链，不断壮大新型信息消费和新业态产业规模，力争成为国内一流的5G"双千兆"重点特色产业发展示范地。

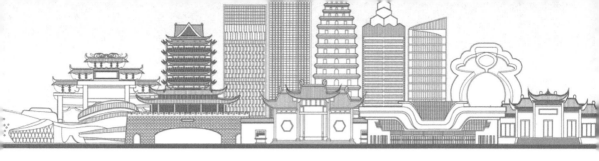

千兆城市-眉山

眉山是四川省最年轻的地级市，是北宋大文豪苏洵、苏轼、苏辙的故里，享有"中国诗书城"的美誉，辖区面积7140平方千米，人口350万人。眉山紧邻双流、天府两大国际机场，全域处在距成都50～80千米的"黄金半径"，是国家级天府新区的重要组成部分。眉山拥有川港合作示范园、海峡两岸产业合作区等高端开放平台，获批国家外贸转型升级基地、进口贸易促进创新示范区、加工贸易产业园、跨境电子商务综合试验区。眉山全域已形成"8高2轨14快"24条综合交通大通道，成眉日发行动车增加至86列，即将开工建设市域铁路S5线，与成都、德阳、资阳共建"轨道上的都市圈"。

眉山是四川省唯一的联合国开发计划署"21世纪城市规划、管理与发展项目"示范城市，是全国数字化建设示范市，是国家第三批、第四批、第七批、第八批电信普遍服务试点城市，是四川省工业系统信息化建设示范市，是全国信息消费示范城市、全国文明城市、国家卫生城市、国家森林城市。眉山先后引进眉山信利高端显示、通威太阳能电池、万华化学产业园、杉杉科技、宁德时代、美国雅保、中创新航等重大产业项目，连续13年居四川省招商引资前列，落户世界500强企业数量35家。2021年，眉山实现地区生产总值1547.87亿元，比2020年增长8.4%，全社会固定资产投资1435.06亿元，比2020年增长11.8%，地方一般公共预算收入137.9亿元，比2020年增长13.4%。眉山抢抓成渝地区双城经济圈建设、成德眉资同城化发展重大机遇，深化制造强市、开放兴市、品质立市，加快建设成都都市圈高质量发展新兴城市。

眉山风貌

一、发展概述

近年来，眉山市大力实施"光网眉山·智慧城市""4G跨越工程""千兆城市"等一批通信基础设施建设项目，加快构建新型网络架构，大力提升服务供给能力。2021年，眉山市5G产业发展指数名列四川省第3位，

5G 网络实现规模部署，普遍服务持续深化，"双千兆"网络不断夯实，"双千兆"用户快速增长，骨干网传输承载能力不断增强。眉山市建成通用零部件制造业工业互联网标识解析二级节点，洪雅县、丹棱县、青神县分别入选工业和信息化部 2022 年中小城市基础设施建设项目。

二、建设经验

（一）强建设，不断升级千兆网络

一是规划布局不断优化。眉山市高标准编制 5G 产业、5G 通信基础设施规划，将网络发展与产业集聚同步部署。**二是网络基础不断完善。**截至目前，眉山市建成 5G 基站超 3000 个，重点场所 5G 网络通达率达 100%，实现了主城区 5G 网络全覆盖，重点乡镇、工业园区、重要旅游景区精准覆盖，典型应用场景专项覆盖。**三是智能设施不断融合。**眉山市开展数据中心直联网络、定向网络建设，眉山大数据中心提供 70 万台主机能力，已实现 59 个部门、148 个业务系统上云，汇聚政务数据 1.47 亿条。

（二）优产品，不断夯实千兆产业

一是培育光通信优势产品。眉山市推动重点企业技术突破，天府江东入选中国电信、中国联通引入光缆和室外光缆供应商；灿光光电研发和生产光传输器件、5G 数据前端传输模块，成为中兴通讯、烽火、华为等通信集团的光器件提供商。**二是打造光网产业集群。**眉山市构建"材—网—存"为一体的千兆光网产业生态圈。依托万华化学、晶瑞电子、江化微等龙头企业，打造西南最大的微电子材料聚集区。依托天府江东、灿光光电、富生电器等光通信领域行业龙头企业和接入网配套企业，打造西南 5G 新网络创新示范区。眉山市依托存储关键电子材料、存储终端产品，培育绿色存储产业新生态。2021 年，眉山市千兆光网关联产业规模突破 300 亿元。**三是招引多元化创新载体。**眉山市启动建设中粮·眉山加州智慧城、八戒（眉山）数字经济科创产业园等，培育完善新一代信息技术产业生态。

（三）拓应用，不断推进千兆场景

一是制造业数字化加速推进。实施制造业"三化四新"技术改造，发展服务型制造，推进智能工厂建设，建设工业互联网标识解析节点，推进工业互联网云平台建设，德恩精工、中车紧固件等 17 家企业建成市级智能制造示范单位，建成 64 家"两化"融合管理体系贯标企业，实现 3000 多家企业上云。**二是信息消费激发新需求。**以特色领域应用为重点，促进信息消费升级。重塑餐饮行业消费新场景，推动数字农产品竞争力进一步提升，加速数字贸易发展。**三是城市治理更加智能。**建成眉山市电子健康卡综合管理平台和"眉山医健通"智慧医疗服务平台；建成市、县、景区三级文旅智慧中心，联动北京故宫博物院打造三苏祠数字博物馆；打造眉山市"12345"政务热线、智慧警务、平安治理等项目，推动城市治理体系和治理能力现代化。

三、成果成效

眉山市瞄准"建设、生态、应用"三大主线，大力推动 5G 网络、千兆光网建设，基本建成了网络基础稳固、产业生态完善、应用智慧丰富的千兆光网城市创新发展格局。

"数字'三苏'苏迷共享云端上的三苏文化" 项目。该项目获批2022年国家新型信息消费示范项目。由中国联通眉山分公司、三苏祠景区联合打造。立足全域旅游发展需求，以监管感知、运营感知、体验感知三位一体系统性信息系统建设，加强生态＋旅游管理水平，提升游客全域旅游服务体验。对标国家一级博物馆建设标准，结合数字内容消费，围绕三苏文化、三苏故居、三苏祠藏品，运用云计算、大数据、媒体交互等技术，打造线上三苏文化博物馆。三苏文化是巴蜀文化中独树一帜的代表，是眉山优秀传统文化的核心，是眉山文化立市最独特的战略资源。将三苏文化与景区展馆相融，将文化元素与苏祠风物相融，以丰富的三苏文化内涵为内容，以数字媒介为载体，有效提升游客的文化体验，引领群众提升精神文化生活层次，满足全球"苏迷"的诉求，用数字科技提升线上线下旅行品质，促进相关文旅融合产业的落地，促进经济文化发展与文旅消费提升。

"绿地汇聚机房" 项目。该项目入选工业和信息化部《2020年全国5G建设与应用典型案例汇编》。该项目由眉山市人民政府、中国电信眉山分公司、中国移动眉山分公司、中国联通眉山分公司、中国铁塔眉山市分公司联合打造。该项目成功搭建市政公共绿地资源建设 5G 汇聚机房模式，获取公共资源，实现汇聚机房建设低成本化、高效化，并在全市范围推广，力争在 3 年内规划建设机房 50 个。**政府高度重视。**眉山市人民政府先后出台了《眉山市促进 5G 产业发展的意见》《眉山市推进跨行业信息通信基础设施合作建设的指导意见》等一系列文件，推动信息基础设施建设规划落地。**规划编制进展顺利。**在四川省率先争取财政资金支持，编制《眉山市 5G 通信基础设施专项规划（2020—2030）》，纳入眉山市重点规划。将眉山市通信发展办公室增补为眉山市相关项目专家评审会评审单位，参与 5G 等相关项目建设评审，促进建设项目与通信基础设施建设同步规划、同步实施、同步验收。**重点工作专项推进。**建立 5G 建设协调推进机制，从眉山市最具战略意义的主城区着眼，协同眉山市规划和自然资源局、眉山市住房城乡建设局、国网眉山供电公司等单位联合查勘、联合办公，快速圈定 8 个价值区域的绿地资源作为第一批示范点位建设。推进该建设模式在全市合法合规化运作，成功搭建公共绿地资源免费开放、移动自建的模式，实现低成本建设。从查勘、设计到建设全过程实施精细化规划，在有效兼顾政府对周边风貌融合和共建共享的要求下，实现低成本建设。

"德恩精工通用零部件制造行业服务与制造新模式" 项目。该项目入选 2022 年中小城市信息基础设施建设项目库。该项目采用 1+3+N 的模式，即 1 个产业云，3 个平台，N 个应用。通过在青神县设立一朵"公有云"，助力所有企业上云，基于平台形成产业生态集群，携手科技创新，探索"云制造"新模式，共同推动产业群高质量发展。3 个平台即德恩云造产业协同云平台、德恩云造企业数智云平台、德恩云造标识解析云平台。德恩云造产业协同云平台主要专注于支撑产业上下游企业间的定制生产、工品采购、技术服务和资产运维等业务协同，通过维护、维修、运行（Maintenance、Repair、Operation，MRO）、C2M、智能交通系统（Intelligent Transport System，ITS）等应用实现产业协同赋能；德恩云造企业数智云平台主要专注提供企业数智化管理涉及的物联网、工业软件和大数据应用等产品 SaaS[1] 租用服务，通过"一企一平台"的方式帮助企业低成本且快速地推动"云—数—智"转型，通过制造运营管理、应用运维管理、产品生命周期管理等应用实现企业数智化管理赋能；德恩云造标识解析云平台是通用零部件制造行业工业标识解析二级节点，接入国家顶级节点，其主要专注于为企业的工业标识解析业务提供服务，通过质量溯源、生产溯源、产品溯源来进行赋能。

　　"眉山天府星座" 项目。该项目由眉山环天智慧科技有限公司联合杭州海康威视数字技术股份有限公司、长光卫星技术股份有限公司打造。这是我国首个以智慧城市为主题的卫星星座，7 颗卫星组网监测获取的卫星遥感数据可应用于自然资源、生态环境、智慧农业、智慧林业、智慧水利、防灾减灾等多个场景，在打通卫星遥感产业链形成业务闭环，

1　SaaS（Software as a Service，软件即服务）。

形成"端"到"端"的服务能力，提供高时效性数据，实现多源高频影像数据强竞争力及卫星 AI 技术等方面打开了市场，为眉山市、四川省乃至全国智慧城市建设和运营提供了更强有力的保障。

四、未来规划

下一步，眉山市将立足成渝双城经济圈、成都都市圈、天府新区核心区等优势叠加机遇，以网络建设和业务应用为突破口，以工业互联网、智慧治理等行业应用为特色，落实"四项措施"，打造"三大工程"，到 2023 年，千兆城市建设实现城市家庭千兆光纤网络覆盖、重点场所 5G 网络通达率指标达 100%；5G 基站总量达 4300 个，5G 个人用户普及率超过 26%，不断提升千兆城市网络能力综合水平。着力构建"一主线、一优势、两试点、四行动、五任务"，以新一代信息技术与制造业深度融合为主线，突出制造业一大优势，创建全国中小城市信息基础设施建设项目和四川省边缘计算资源池节点两项试点，开展智能制造、工业互联网、千企上云、智慧园区四大行动，实施 5G 网络升级、千兆网络覆盖、边缘数据中心部署、5G 应用场景打造、信息消费升级五大任务，着力打造国内外具有重要影响力的 5G 产业聚集示范区、四川省信息基础设施先行区。

千兆城市-西安

西安，简称"镐"，古称长安、镐京，辖新城、碑林、莲湖、雁塔、灞桥、未央、阎良、临潼、长安、高陵、鄠邑11个区，周至、蓝田2个县，截至2021年年底，拥有常住人口1316.3万人，陕西省辖地级市，是陕西省省会、副省级市、特大城市、西安都市圈核心区、关中平原城市群核心城市，国务院批复确定的中国西部地区重要的中心城市，国家重要的科研、教育和工业基地。

西安以建设国家中心城市和具有历史文化特色的国际化大都市为目标，统筹推进稳增长、促改革、调结构、惠民生、防风险、保稳定各项工作，全面创新改革试验区、国家自主创新示范区和国家"双创"基地建设，取得明显成效，获评中国营商环境标杆城市、国家森林城市，获批国家级临空经济示范区、跨境电商综合试验区和第五航权，连续9年荣获"中国最具幸福感城市"。

2021 年，西安实现地区生产总值 10688.28 亿元，按可比价格计算，比 2020 年增长 4.1%。2021 年全市完成财政总收入 1851.57 亿元，同比增长 20.1%，西安居民人均可支配收入 38701 元，比 2020 年增长 8.2%。2021 年居民人均生活消费支出 24829 元，比 2020 年增长 12.0%，向国家中心城市建设迈出坚实的步伐。

一、发展概述

近年来，西安市认真贯彻落实国家数字经济发展战略，将"双千兆"网络建设作为推动产业高质量发展的重要抓手和战略选择，通过"双千兆"网络赋能数字产业化和产业数字化发展，进而在信息基础设施建设、数字产业化发展、产业数字化转型、数字技术创新及数字经济发展环境等方面获得实质性成效，呈现产业加速发展的良好态势。

二、建设经验

在推进"千兆城市"建设及"双千兆"协同发展上，西安市主要从以下 3 个方面开展工作。

一是规划引领。西安市认真贯彻落实工业和信息化部《"双千兆"网络协同发展行动计划（2021—2023 年）》《陕西省"双千兆"网络协同发展实施方案（2021—2023 年）》《陕西省 5G 网络建设和创新发展三年规划》部署要求，编制出台了《西安市加快 5G 系统建设与产业发展的实施意见》《西安市 5G 通信基站近期建设站址布局规划（2020—2022）》等一系列文件及专项规划，明确了西安市通信基础设施建设发展的总体要求、主要任务、保障措施，为建设"双千兆"网络提供有力的政策支撑。

二是营造环境。 西安市统筹推进 5G 基站建设，通过建立联系机制、清单制管理任务、协调解决问题、实地督导建设等方式，营造良好的建设运营氛围。一是积极推动市属公共区域向 5G 基站建设免费开放，降低基础电信企业 5G 基站运营成本，在行政层面给予 5G 建设最大的支持。二是相关单位与基础电信企业共同建立 5G 基站供电"转改直"工作机制，逐步推进并解决基站供电"转改直"问题，确保 5G 基站供电稳定。三是相关部门开展 5G 基站转供电加价治理专项行动，规范 5G 基站转供电行为。四是工业和信息化部相关部门每季度发布 5G 基站建设任务，协调解决建设问题，清单化推进 5G 基站建设有序开展。

三是试点示范。 一是与基础电信企业签订战略合作协议，以共同发展、相互促进为目标，依托基础电信运营企业的技术优势，鼓励基础电信企业向西安市倾斜更多的资源，加快"双千兆"网络建设步伐。二是通过政策引导企业与 5G 协同创新发展，在 2021 年、2022 年"西安市工业专项申报指南"中设立支持 5G 协同创新相关专题，在西安市范围内征集 5G 创新应用优秀案例，对评审通过的案例给予一定的奖励。

三、成果成效

得益于政策的有力牵引、产业的协同配合，西安市"双千兆"网络发展水平不断提高，多项指标位列西北地区领先水平，为西安市数字经济发展与产业数字化转型打下了坚实的基础。

一是基本实现优质网络广域覆盖。截至 2021 年 12 月，西安市已累计建成 5G 基站超 1.5 万个，每万人拥有 5G 基站数超 12 个，重点场所 5G 网络通达率达 90%。5G 网络已实现市区连续覆盖，西安市累计部署 10G-PON 端口超 8.3 万个，城市地区 10G-PON 端口占比超 25%，具备覆盖超 510 万户家庭的千兆光纤接入能力。"双千兆"用户结构持续优化，截至 2021 年 12 月，西安市 5G 个人终端用户超 446 万户，5G 个人用户普及率达 25.3%；城市地区 500Mbit/s 及以上固定宽带接入用户超 130 万户，约占固定宽带用户总数的 25%。移动和固定宽带用户正在加速向 5G 和千兆宽带迁移，"双千兆"用户占比逐年提升。

二是 5G+行业创新应用加速涌现。结合西安市产业特色和区位优势，"双千兆"网络与工业、教育、医疗等领域深度融合，形成了一批可复制、可推广的创新应用项目。其中，陕西移动和西安陕鼓动力股份有限公司两个"5G+工业互联网"项目相继入选国家工业互联网试点示范项目；西安交通大学附属西安市红会医院"无人机在 5G 信号下的伤员搜救"和西北工业大学"5G+智能诊断技术在社区急重症患者院前救治中的应用研究"两个项目入选国家"5G+医疗健康"应用试点项目；西安交通大学"5G 赋能教考评管技术创新及智慧教育示范应用"、西北农林科技大学"5G+智慧教育试点项目"、西安电子科技大学"5G+智慧教育探索实践"、西安邮电大学"基于5G的四融合智慧学习空间构建"、西安高新第一中学"基于5G网络的优质基础教育资源均衡配置及应用——西安高新一中云校智慧教育服务体系"5个项目入选国家"5G+医疗教育"应用试点项目。此外，西安市还遴选了"隆基乐叶5G+智慧工厂""西安慧铁5G+车地智能应用"等5个市级5G应用试点项目。

1. 5G + 智慧工厂

博世力士乐公司以工业智能化为目标，建成了基于5G网络的智慧工厂。通过5G、云计算等技术手段着力解决传统企业制造的固定流程及传统模式，解决工厂产线不足、异地工厂的局限性等问题；通过5G高速率、大带宽、低时延的特性来连接车间内外的所有生产设备，打破了空间和地理的限制，采用切片技术来保障所有生产流程的安全和稳定。项目落地后，将实现生产线可编程逻辑控制器（Programmable Logic Controller，PLC）数据传输和控制命令无线化，AGV小车精确匹配运输物品。

2. 5G + 智慧医疗

西安大兴医院"5G急救指挥中心系统项目"，实现了从终端到用户各个环节的统一建设，通过5G网络、医疗边缘云等先进技术能力、打通区域医疗数据，实现医院内资源统一调动、统一管理、实时监控、远程指导。目前项目已经落地，可提供从患者呼救到入院治疗全流程无缝医疗信息平台服务，实现"上车即入院"。

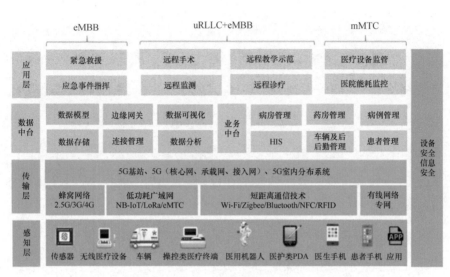

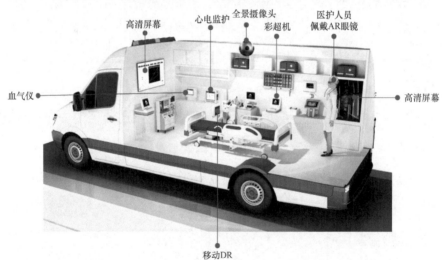

高清屏幕　心电监护　全景摄像头　医护人员佩戴AR眼镜

彩超机

血气仪　高清屏幕

移动DR

3.5G+智慧全运

中华人民共和国第十四届全国运动会"5G智慧全运项目"，依托高质量"双千兆"传输承载网络，实现智慧全运。一是运用数字孪生技术对重点场馆进行三维立体建模，通过AI机器视觉能力建设，结合海量数据分析，有效保障工作人员及运动员快速出入，构建了全域智能的立体化安保防控体系。二是通过下沉至场馆侧的"5G边缘计算+自由视角"

技术，充分发挥云网结合的最大效用，实现多角度、多细节、自由观看的特点，帮助观众更立体地追踪相关赛事的精彩瞬间。

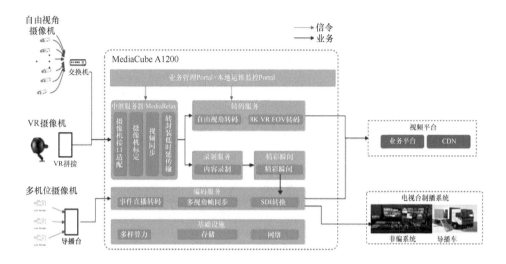

四、未来规划

一是持续加大网络建设支持力度。 西安市将进一步加强行政机关、企事业单位、公共机构所属非涉密公共区域及设施资源的开放力度，优化报批流程、简化审核手续，支持符合条件的 5G 基站实施电力直接交易，严厉查处阻挠 5G 建设及收取不合理费用的行为，进一步降低运营成本，为"双千兆"网络建设和发展营造良好氛围。

二是不断加大创新应用培育力度。 西安市将持续出台相关政策，加大引导培育力度，支持和鼓励企业积极探索"5G+行业"创新应用，重点谋划在电子信息、汽车制造、航空航天等领域开展创新应用推广及试点示范，通过示范效应带动"双千兆"在行业中应用的规模化发展，助推西安市经济提质增效、转型腾飞。

千兆城市-西宁

城市名片

    西宁总面积 7660 平方千米，是青藏高原唯一人口超过百万的中心城市，也是"三江之源"和"中华水塔"国家生态安全屏障建设的服务基地和大后方，被誉为"世界凉爽城市"和"中国夏都"。作为青海省省会，西宁首位度高、贡献度大，以 1.4% 的土地承载了青海省 42% 的人口，创造了青海省近 50% 的 GDP 和新增就业，是青海省人才、科技、信息等各类资源集聚、创新创业环境最优、市场主体最活跃的地区。近年来，西宁系统布局新型基础设施，加快产业数字化进程，全市推动经济社会高质量发展的网络支撑日益坚实，达到"双千兆"示范城市指标各项要求，成功入选全国首批"千兆城市"名单，为西宁推动高质量发展、服务和融入新发展格局赋予了全业务承载、更低时延、更强智能、更好用户感知和服务等新内涵。

一、发展概述

近年来，西宁市信息化应用取得了长足发展，民生领域信息化水平全面提升，信息惠民、宽带惠民工程取得显著成效，为实现通信网络公共服务均等化奠定了坚实的基础。

作为青海省信息化建设的主阵地、主战场，西宁市建立了省市联动推进宽带和信息化建设的纵向工作机制，制定完善了贯通信息基础设施、电子商务、电子政务、信息安全、政府信息公开、个人信息保护等方面的相关制度。西宁市健全组织领导体系，及时成立5G通信设施建设和产业应用发展领导小组，统筹各方资源力量，全力解决通信基础设施规划许可、驻地网建设等突出问题，推动了5G网络建设进程。坚持规划引领，强化发展保障，印发实施5G通信基站空间布局规划，有力推进融合建设、资源共享。

二、建设经验

在推进"千兆城市"建设及"双千兆"协同发展上，西宁市主要从以下3个方面开展工作。

一是信息化应用成效显著。 针对西宁市数字化转型滞后、需求对接困难的情况，坚持有效市场和有为政府，主动对接企业需求，抓住"双千兆"发展机遇，对接"5G+工业互联网"发展重点行业需求，探讨适合青海省工业企业网络化、智能化发展的路径。在教育方面，西宁市以智慧教育"三通两平台"为基础，建立了从基础环境到个人域、班域、校域、区域的四级联动应用终端，并与国家教育资源和教育管理平台对接，改变了传统的教学模式，提升了偏远地区的教育水平，实现了优质教育资源均衡共享。在医疗方面，建成连通北京大学人民医院、青海省三甲医院、西宁市级医院和县级医院的四级远程会诊信息系统，覆盖西宁市68所乡镇卫生院（所）和917个村卫生室，形成了就诊、治疗、康复一体化信息动态管理。在交通方面，西宁市打造智慧交通便民新模式，实现交通信息动态推送、违章查询告知、掌上车管所、事故快速处置等功能。在旅游方面，机场、车站、省级以上风景名胜区等重点场所实现无线宽带全覆盖。建成的青藏高原野生动物园智慧景区已是西北地区乃至全国智慧化程度最高的野生动物园。在电子商务方面，西宁市创建跨境电商综试区，加快电子商务示范基地建设，一批本土电子商务平台发展壮大，农村电商、行业电商、跨境电商快速发展。湟中区、大通县、湟源县被商务部确定为"国家电子商务示范县"，"青海过日子网"被商务部确定为"国家电子商务示范企业"。

二是发展体制机制日臻完善。西宁市深刻领悟两个强国建设重要论述和"数字西宁"建设要求，充分发挥信息通信技术在数字经济发展中的重要作用，推动融合应用创新发展。"5G＋工业互联网"融合不断深化，全行业对生态环境保护、产业转型升级、民生服务等领域的基础支撑和带动能力进一步增强。优化营商环境，积极开展通信基础设施建设运维成本压降工作，持续推动"千兆城市"建设。

三是政策措施全面落实。西宁市委、市政府高度重视宽带网络和信息化建设，在用足、用好国家和全省政策措施的同时，坚持以政策集成应用推进宽带网络、通信基站等信息基础设施建设，相继出台了《西宁市关于5G通信基础设施建设和加快应用推广的措施》《西宁市数字经济发展规划（2022—2025）》等一系列文件，大力推行公共区域开放共享政策，不断优化宽带发展的政策环境，形成了具有西宁特色的具体化、实用性政策支持体系，为成功入选全国首批"千兆城市"提供了有力的政策支撑。

三、成果成效

西宁市作为青藏高原的通信枢纽，持续扩大千兆网络覆盖范围。目前，西宁市拥有向省外辐射的光缆通达方向 4 个，出省干线光缆 14 条，城域网出口带宽（交换带宽）达到 4140Gbit/s。截至目前，无源光纤网络端口总数 7.36 万个，城市家庭千兆光纤网络覆盖率达 292%，500Mbit/s 及以上用户数近 21 万个，占比达 25.6%。西宁市深化电信基础设施共建共享，推进 5G 网络、云计算、大数据产业发展，国际互联网数据专用通道、根镜像服务器等重大项目投入运行。5G 基站达 3325 个，每万人拥有 5G 基站数达 12.8 个，5G 用户数达 227 万户，占比达 33.7%，重点场所 5G 网络通达率达 90% 以上，已形成较为完备的传输交换、存储计算及运营服务体系。

西宁市在打造优质的"双千兆"网络的同时，也不断结合产业和区域优势大力发展融合应用，形成了一批有创新性、可复制、可推广的应用试点项目。

西宁市园博园 5G 智慧景区建设项目。西宁市园博园 5G 智慧景区主要以智能化应用为主，包含智能化基础系统建设、智慧景区平台建设、智慧园区管理体系建设、园区智慧应用建设、园区 5G 无人车体系建设、园林园艺体验馆裸眼 3D 系统建设六大模块。该项目的成功建设，一方面，实现了景区服务智慧化、管理智慧化、体验智慧化，以 5A 级景区标准将西宁园博园打造成国内智慧景区建设标杆；另一方面，实现了与西宁市大数据服务管理局、西宁市城市运行管理指挥中心、青海文旅大数据平台、西宁文旅大数据平台的数据共享对接，为西宁市乃至全省旅游业信息统计提供支撑。

三峡能源青海分公司生产管理用房信息化建设项目。该项目为多业务融合提供了支撑，从根本上重构了数据框架，助力智慧园区系统建设，打破了部门界限、系统界限，围绕园区子系统快速接入、数据采集与共享、业务能力服务化、应用开发资产沉淀等支持园区业务数字化运营的核心系统，最终实现了园区业务涉及的物联网设备管理、智能化子系统接入、视频安防监控分析、人员和车辆通行业务管理等功能。

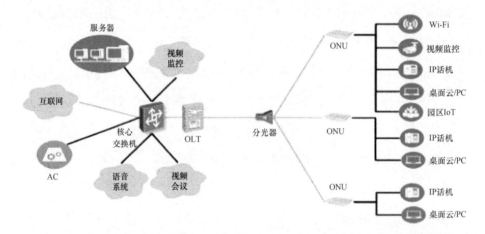

该项目实现了全网设备统一管理，提供性能监控与分析、故障监控、故障分析及定位等服务，实现管理统一化、资源利用最大化、运营效率最优化、运维管理自动化，进而实现全园区所有网络设备及支撑业务系统进行"7×24"小时全面监控，提前报警，自动分析，短信、邮件提醒，真正做到一人一园区，总体运维效率提升60%。

青海师范大学5G校园网项目。该项目从打造智慧校园、平安校园的需求考虑，针对青海师范大学园区5G网络覆盖进行综合评估和专项覆盖整治，实现5G网络覆盖率达98%以上，同时基于5G网络大带宽、低时延、大连接的能力优势，在满足个人用户 5G 网络体验的基础上，与校方联合探索 5G 一网两用的建设模式，积极推动 5G 远程教学、安防监控、园区管理等业务应用落地，共同打造 5G+智慧校园的示范标杆，为千兆网在教育、医疗、办公等领域的复制落地总结成功经验。

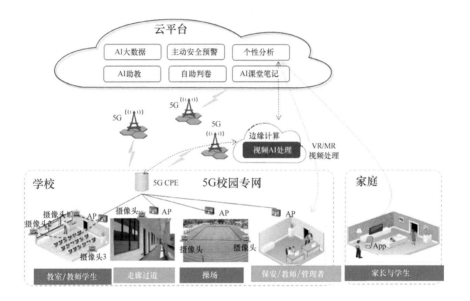

四、未来规划

当前，西宁市正面临共建"一带一路"、新时代西部大开发、黄河流域生态保护和高质量发展、东西部协作和定点帮扶、兰西城市群建设等重大战略叠加有利机遇，青海省推进"四地"建设的政策效应、机制效应、改革效应逐步释放，西宁市新基建发展、全领域信息化应用及政策体系走在青海省前列，为西宁市打造青藏高原"双千兆"示范应用高地提供了更加广阔的空间，发展机遇千载难逢、前景十分美好。西宁市将以"千兆城市"示范为契机，认真学习借鉴其他省市先进经验，充分发挥区域核心作用，强化区域战略合作，以协同推进"双千兆"网络建设、创新应用模式、实现技术突破、繁荣产业生态、强化安全保障为重点方向，探索创新发展思路和实践路径，努力把西宁市建设成青藏高原地区宽带建设的先行区、转型升级的引领区、信息产业的聚集区，为青海省外向型经济发展提供通信基础设施支撑。

一是坚持政府引导、市场主导。西宁市将持续扩大千兆光纤网络覆盖范围，实现主城区千兆宽带网络普遍覆盖，率先在青海省打造一批"双千兆"应用示范小区，按需推动千兆网络逐步向乡镇、农村地区延伸，探索具有西宁特色的数字乡村建设发展道路，助推乡村振兴战略实施。**二是西宁市将坚持创新应用、丰富场景。**推进"双千兆"、人工智能、区块链在智慧城市、智慧物流等领域融合应用场景，实现信息技术与城市管理运行、物流追溯分析的深度融合；超前谋划更高速率宽带网络在工业领域广泛布局，打造低延时、高可靠、广覆盖的工业互联网基础，提升能源互联网、工业互联网、工业标识解析等重点场景应用能力；围绕企业综合管控智能化、产品全生命周期、产业链协同等应用升级，形成以建促用的良性发展模式，打造工业互联网应用标杆示范。**三是西宁市将坚持融合发展、打造样板。**积极构建新一代信息网络设施，加快推动云计算、大数据、物联网、下一代互联网等信息技术开发和应用，推动生产性服务业、生活性服务业数字化转型。强化"双千兆"在公共服务、社会治理等领域融合应用的能力，拓展丰富教育、医疗、文旅、生态等领域的融合效果，把西宁市打造成青藏高原"双千兆"示范应用高地。

附录

工业和信息化部关于印发《"双千兆"网络协同发展行动计划（2021—2023年）》的通知

工信部通信〔2021〕34 号

各省、自治区、直辖市通信管理局，各省、自治区、直辖市及计划单列市、新疆生产建设兵团工业和信息化主管部门，各相关企业：

为深入贯彻党的十九届五中全会精神，落实《中华人民共和国国民经济和社会发展第十四个五年规划和 2035 年远景目标纲要》和 2021 年《政府工作报告》部署，现将《"双千兆"网络协同发展行动计划（2021—2023 年）》印发给你们，请结合实际认真贯彻落实。

工业和信息化部

2021 年 3 月 24 日

"双千兆"网络协同发展行动计划（2021—2023年）

以千兆光网和 5G 为代表的"双千兆"网络，能向单个用户提供固定和移动网络千兆接入能力，具有超大带宽、超低时延、先进可靠等特征，二者互补互促，是新型基础设施的重要组成和承载底座。为贯彻落实《政府工作报告》部署要求，推进"双千兆"网络建设互促、应用优势互补、创新业务融合，进一步发挥"双千兆"网络在拉动有效投资、促进信息消费和助力制造业数字化转型等方面的重要作用，加快推动构建新发展格局，制本行动计划。

一、总体要求

（一）指导思想

以习近平新时代中国特色社会主义思想为指导，深入贯彻党的十九大和十九届二中、三中、四中、五中全会精神，坚持以人民为中心的发展思想，立足新发展阶段，贯彻新发展理念，构建新发展格局，以深化供给侧结构性改革为主线，以支撑制造强国、网络强国和数字中国建设为目标，以协同推进"双千兆"网络建设、创新应用模式、实现技术突破、繁荣产业生态、强化安全保障为重点方向，为系统布局新型基础设施夯实底座，为加快产业数字化进程筑牢根基，为推动经济社会高质量发展提供坚实网络支撑。

（二）基本原则

市场主导，政府引导。发挥各类市场主体作用，鼓励通过差异化的发展与竞争，强化技术创新、推动融合应用，深化共建共享和绿色发展，全面提升供给水平。更好发挥政府在规划引导、政策支持、市场监管等方面的积极作用，营造"双千兆"网络发展良好环境。

固移协同，优势互补。发挥千兆光网在室内和复杂环境下传输带宽大、抗干扰性强、微秒级连接的优势，发挥 5G 网络灵活性高、移动增强、大连接的优势，适度超前部署"双千兆"网络，同步提升骨干传输、数据中心互联、5G承载等网络各环节承载能力。

创新应用，丰富场景。以建促用、建用并举。在公众应用领域，不断丰富"双千兆"应用类型和场景，提升千兆服务能力。在行业应用领域，聚焦重点行业打造典型应用示范，加强运营模式和网络架构创新，探索提供端到端可定制的网络性能保障。

自立自强，完善生态。围绕提升产业基础高级化、产业链现代化水平，加强关键核心技术攻关，加大产业共性技术供给，提升关键产品和服务安全能力，完善技术标准和知识产权体系建设，构建体系完备、安全开放的产业生态。

（三）主要目标

用三年时间，基本建成全面覆盖城市地区和有条件乡镇的"双千兆"网络基础设施，实现固定和移动网络普遍具备"千兆到户"能力。千兆光网和5G用户加快发展，用户体验持续提升。增强现实/虚拟现实（AR/VR）、超高清视频等高带宽应用进一步融入生产生活，典型行业千兆应用模式形成示范。千兆光网和5G的核心技术研发和产业竞争力保持国际先进水平，产业链供应链现代化水平稳步提升。"双千兆"网络安全保障能力显著增强。

1. 到2021年年底

千兆光纤网络具备覆盖2亿户家庭的能力，万兆无源光网络（10G-PON）及以上端口规模超过500万个，千兆宽带用户突破1000万户。

5G网络基本实现县级以上区域、部分重点乡镇覆盖，新增5G基站超过60万个。

建成 20 个以上千兆城市。

2. 到 2023 年年底

千兆光纤网络具备覆盖 4 亿户家庭的能力，10G-PON 及以上端口规模超过 1000 万个，千兆宽带用户突破 3000 万户。

5G 网络基本实现乡镇级以上区域和重点行政村覆盖。

实现"双百"目标：建成 100 个千兆城市，打造 100 个千兆行业虚拟专网标杆工程。

二、重点任务

（一）千兆城市建设行动

1. 持续扩大千兆光网覆盖范围。推动基础电信企业在城市及重点乡镇进行 10G-PON 光线路终端（OLT）设备规模部署，持续开展 OLT 上联组网优化和老旧小区、工业园区等光纤到户薄弱区域光分配网（ODN）改造升级，促进全光接入网进一步向用户端延伸。按需开展支持千兆业务的家庭和企业网关（光猫）设备升级，通过推进家庭内部布线改造、千兆无线局域网组网优化以及引导用户接入终端升级等，提供端到端千兆业务体验。

2. 加快推动 5G 独立组网规模部署。推动基础电信企业开展 5G 独立组网（SA）规模商用，重点加快中心城区、重点区域、重点行业的网络覆盖。鼓励采用宏基站、微小基站等多种组网方式，与集中式无线接入网（C-RAN）等其他技术相结合，推进 5G 网络在交通枢纽、大型体育场馆、景点等流量密集区域的深度覆盖。根据产业发展和应用需求，适时开展基于 5G 毫米波的网络建设。

3. 深入推进农村网络设施建设升级。完善电信普遍服务补偿机制，支持基础电信企业面向农村较大规模人口聚居区、生产作业区、交通要道沿线等区域持续深化宽带网络覆盖，助力巩固拓展脱贫攻坚成果同乡村振兴有效衔接。面向有条件、有需的农村及偏远地区，逐步推动千兆网络建设覆盖。

4. 深化电信基础设施共建共享。推动基础电信企业持续深化行业内共建共享，按照"集约利用存量资源、能共享不新建"的原则，统筹铁塔设施建设需求，支持基础电信企业开展 5G 网络共建共享；鼓励通过同沟分缆分管、同杆路分缆、同缆分芯等方式实施光纤网络共建，通过纤芯置换、租用纤芯等方式实施共享。着力提升跨行业共建共享水平，进一步加强与电力、铁路、公路、市政等领域的沟通合作。

专栏 1　"百城千兆"建设工程

　　加快城市"双千兆"网络建设部署。支持地方和基础电信企业打造一批"双千兆"示范小区、"双千兆"示范园区等，深化城市家庭、重点区域、重点行业的"双千兆"网络覆盖。按需推进"双千兆"用户发展。支持地方和相关企业结合边缘云下沉部署，构建"网络+平台+应用"固移融合、云网融合的"双千兆"业务体系，推动云 VR、超高清视频等新业务发展，通过应用牵引，促进用户向 500Mbit/s 及以上高速宽带和 5G 网络迁移。组织开展千兆城市评价。结合千兆城市评价指标，定期开展千兆城市建设成效评估。到 2021 年年底，全国建成 20 个以上千兆城市，到 2023 年年底，全国建成 100 个以上千兆城市，实现城市家庭千兆光网覆盖率超过 80%，每万人拥有 5G 基站数超过 12 个。

（二）承载能力增强行动

5. 提升骨干传输网络承载能力。推动基础电信企业持续扩容骨干传输网络，按需部署骨干网 200/400Gbit/s 超高速、超大容量传输系统，提升骨干传输网络综合承载能力。加快推动灵活全光交叉、智能管控等技术发展应用，提升网络调度能力和服务效能。引导 100Gbit/s 及以上超高速光传输系统向城域网下沉。鼓励在新建干线中采用新型超低损耗光纤。

6. 优化数据中心互联（DCI）能力。推动基础电信企业面向数据中心高速互联的需求，开展 400Gbit/s 光传输系统的部署应用，鼓励开展数据中心直联网络、定向网络直联等的建设。结合业务发展，持续推动 IPv6 分段路由（SRv6）、虚拟扩展局域网（VxLAN）等 DCI 核心技术的应用；推进软件定义网络（SDN）技术在数据中心互联中的应用，提升云网协同承载能力。

7. 协同推进 5G 承载网络建设。推动基础电信企业开展 5G 前传和中回传网络中大容量、高速率、低成本光传输系统建设，提升综合业务接入和网络切片资源的智能化运营能力。推动 5G 承载网城域接入层按需部署 50Gbit/s 系统，城域汇聚层和核心层按需部署 100Gbit/s 或 200Gbit/s 系统。逐步推动三层虚拟专用网（L3VPN）组网到边缘，兼容边缘云数据中心互连组网。

（三）行业融合赋能行动

8. 创新开展千兆行业虚拟专网建设部署。鼓励基础电信企业结合行业单位需求，在工业、交通、电网、教育、医疗、港口、应急公共服务等典型行业开展千兆虚拟专网建设部署。探索创新网络架构，采用与公网部分共享、与公网端到端共享等多种模式灵活开展网络建设。按需在行业单位内部署 5G 基站、OLT 设备、核心网网元、行业终端等，支持行业单位敏感数据本地化处理和存储。探索创新运营模式，鼓励开放有关接口功能，为行业单位提供必要的管理控制权限，服务行业发展。

9. 大力推进"双千兆"网络应用创新。鼓励基础电信企业、互联网企业和行业单位合作创新，聚焦信息消费新需求、新期待，加快"双千兆"网络在超高清视频、AR/VR 等消费领域的业务应用。聚焦制造业数字化转型，开展面向不同应用场景和生产流程的"双千兆"协同创新，加快形成"双千兆"优势互补的应用模式。面向民生领域人民群众关切，推动"双千兆"网络与教育、医疗等行业深度融合，着力通过互联网手段助力提升农村教育和医疗水平，促进基本公共服务均等化。

10. 积极采用"IPv6+"等新技术提供确定性服务能力。支持基础电信企业探索采用 IPv6+ 等新技术在网络层提供端到端的确定性服务能力，保障特定业务流传输的带宽、时延和抖动等性能要求。新建行业网络优先支持 IPv6 分段路由、网络切片、确定性转发、随路检测等"IPv6+"功能，并开展新型组播、业务链、应用感知网络等试点应用。

专栏 2　千兆行业虚拟专网建设标杆工程

推动千兆虚拟专网在工业制造领域试点部署。鼓励基础电信企业采用 5G、工业无源光网络（PON）、工业光传送网络（OTN）等协同部署，与边缘计算、网络切片、AI 等新技术结合，形成对工业生产、办公、安防等子网的统一高效承载能力，满足工业企业对接入终端设备的安全认证和管控能力，并支持工业企业高品质快速上云需求。推动千兆虚拟专网在教育、医疗领域试点部署。

鼓励基础电信企业基于"双千兆"网络进一步提升对在线教育、远程医疗等的网络支撑能力，满足行业互联网使用和管理需求，为虚拟实训、智慧云考场、智慧家校共同体、教师研训、智慧评价等典型在线教育应用场景以及远程会诊、远程影像、远程急救、远程监护等远程医疗典型应用场景提供支撑。采用软件定义广域网（SD-WAN）、实时视频通信、智能网络调度等多种技术方案，优化网络传输质量。推动千兆虚拟专网在特殊领域试点部署。鼓励基础电信企业、行业单位等针对影像监控、在线质检等带宽要求高，矿山、电力、冲压制造等电磁干扰强的场景，发挥千兆光网和5G的差异化特点，形成一批可复制、可推广的"双千兆"部署方案。到2023年年底，打造100个千兆虚拟专网标杆工程。

（四）产业链强链补链行动

11.加强核心技术研发和标准研制。鼓励龙头企业、科研机构等加大超高速光纤传输、下一代光网络技术和无线通信技术等的研发投入，深入参与国际标准化工作，加强团体标准研制，形成我国"双千兆"网络技术核心竞争力。

12.加速推进终端成熟。鼓励终端设备企业加快5G终端研发，提升5G终端的产品性能，推动支持SA/NSA双模、多频段的智能手机、客户端设备（CPE）以及云XR、可穿戴设备等多种形态的5G终端成熟。推动支持高速无线局域网技术的家庭网关、企业网关、无线路由器等设备研发和推广应用，加快具备灵活多接入能力的手机、电脑、4K/8K超高清设备等终端集成。进一步降低终端成本，提升终端性能和安全度，激发信息消费潜力。

13. 持续提升产业能力。鼓励光纤光缆、芯片器件、网络设备等企业持续提升产业基础高级化、产业链现代化水平，巩固已有产业优势。着力提升核心芯片、网络设备、模块、器件等的研发制造水平，推进实现我国通信产业链自立自强，培育壮大产业生态。

专栏3 "双千兆"产业链强链补链工程

　　加强核心技术研发，鼓励龙头企业、科研机构等在800Gbit/s/1Tbit/s超高速光纤传输、50G-PON、5G Rel-17、毫米波通信、高速无线局域网等技术方面加大研发投入，实现技术创新。加快产业短板突破，鼓励光纤光缆、芯片器件、网络设备等企业针对5G芯片、高速PON芯片、高速无线局域网芯片、高速光模块、高性能器件等薄弱环节，加强技术攻关，提升制造能力和工艺水平。打造产业聚集区，依托现有国内产业优势区域，打造形成"双千兆"网络战略性产业聚集区，形成规模合力。到2023年年底，关键核心技术取得突破，自主研发能力大幅增强。

（五）用户体验提升行动

14. 持续优化网络架构。扩大新型互联网交换中心连接企业数量和流量交换规模，新增至少2个国家级互联网骨干直联点，完善全方位、多层次、立体化的互联互通体系。推动云服务企业持续提升云计算关键核心技术能力，推动多接入边缘计算（MEC）边缘云建设，加快云边协同、云网融合等新模式新技术的应用。推动内容分发网络（CDN）企业加快西部和东北地区 CDN 节点部署，按需推进 CDN 扩容和下沉，实现互联网内容就近访问。

15. 着力保障网络质量。指导基础电信企业强化 5G 和 4G 网络协同发展，推进 2G、3G、4G 频率重耕和优化升级，提升网络资源使用效率。支持多模基站设备的研制和部署，保障城市热点地区、高铁地铁沿线等对不同制式网络的覆盖需求。持续提升互联网国际出入口带宽能力，改善国际互联网访问体验。实现互联网网间带宽扩容 10Tbit/s，互联网网间访问性能与欧美发达国家趋同。推动互联网企业提升服务能力，保障基本带宽配置，提升用户业务访问体验。

16. 不断提升服务质量。督促基础电信企业切实提升 5G 服务质量，制定完善本企业 5G 服务标准，加大对实体营业厅、客服热线等一线窗口的服务考核力度。进一步健全提醒机制，严守营销红线，严查"强推5G 套餐""限制用户更改套餐""套餐夸大宣传"等行为，切实维护广大用户合法权益。推动企业降低中小企业宽带和专线平均资费，2021年再降 10%。鼓励面向农村脱贫户（原建档立卡贫困户）、老年人、残疾人等特殊群体，推出专属优惠资费，合理降低手机、宽带等通信费用。

专栏 4 "双千兆"网络发展评测能力提升工程

完善基于用户体验的"双千兆"网络发展评测指标体系。指导相关企业和研究机构加强专用终端、5G 测速 App、测速服务器等技术手段建设和部署，综合采用实地测试、定点测试、友好用户测试等方式，丰富数据来源，形成分区域、分时段、全网段精细化网络发展关键指标评测能力。研究面向行业的"双千兆"网络评价体系。组织相关企业和研究机构针对不同行业、不同场景的网络性能需求，

> 开展"双千兆"网络评价体系研究，并选取不少于10个主要行业和场景开展实地测试。定期发布权威数据和报告。指导中国信息通信研究院定期发布我国固定宽带、移动宽带网络速率报告，适时发布重点城市、重点场所的网络发展评价报告，全面客观反映我国"双千兆"网络发展水平，不断优化我国"双千兆"网络服务能力。

（六）安全保障强化行动

17. 提升网络安全防护能力。推动网络安全能力与"双千兆"网络设施同规划、同建设、同运行，提升网络安全、数据安全保障能力。督促相关企业落实网络安全主体责任，建立健全安全管理制度、工作机制，开展网络安全风险评估和隐患排查，及时防范网络、设备、物理环境、管理等多方面安全风险，不断提升网络安全防护能力。

18. 构筑安全可信的新型信息基础设施。鼓励重点网络安全企业面向网络规划、建设等重点环节，聚焦信息技术产品关键领域，开展核心技术攻关，构建涵盖底层设施、关键设备、网络安全产品等全环节的产业生态，搭建安全可信、可靠的新型信息基础设施，稳步提升"双千兆"网络安全。

19. 做好跨行业网络安全保障。鼓励基础电信企业、网络安全企业、行业单位等在医疗、教育、工业等重点行业领域加强网络安全工作协同，面向多样化业务场景、接入方式和设备形态，强化千兆行业虚拟专网安全风险防范和应对指导，推动实现网络设施安全共建、安全共享。

三、保障措施

（一）加强组织领导。各地通信管理局、各基础电信企业进一步加强组织领导，制定年度实施方案，细化任务和责任分工。积极推动将"双千兆"网络发展纳入各地国民经济和社会发展"十四五"总体规划及有关专项规划的重要内容。鼓励制定发布公共资源开放目录，推动政府机关、企事业单位和公共机构等所属公共设施向 5G 基站、室内分布系统、杆路、管道及配套设施等建设提供便利。

（二）强化部门协同。各地通信管理局与工业和信息化、住房城乡建设、市场监管、网信等部门建立协同工作机制，强化联合执法能力和执法力度，聚焦商务楼宇宽带接入市场联合整治、新建民用建筑执行光纤到户国家标准等工作，形成监管合力。协调电力部门降低 5G 基站用电成本。

（三）提升监管能力。持续加强行风建设和纠风工作，将网络和服务质量纳入评价体系，切实维护用户合法权益。引导产业链上下游企业，加强行业自律，营造健康有序、良性发展的产业生态。

（四）深化交流合作。标准化组织和行业协会等要充分发挥技术引领和桥梁纽带作用，积极开展国际对标，促进基础电信企业、科研院所、设备商、器件商、芯片商等产业链上下游进一步加强技术攻关和协同创新。加强"双千兆"网络部署应用及新技术等方面的经验交流和推广。

千兆城市评价指标

序号	指标	指标含义	指标值	计算方法
1	城市家庭千兆光纤网络覆盖率	城市地区千兆光纤网络能力供给情况	80%	城市地区具备千兆接入能力的家庭数 / 城市地区家庭总数
2	城市10G-PON端口占比	城市地区电信运营企业10G-PON端口与所有PON端口总数的比例	25%	城市地区电信运营企业10G-PON端口数 / 所有PON端口总数
3	重点场所5G网络通达率	城市地区重点场所5G网络通达情况	80%	城市地区已有5G信号覆盖的市属公办医院（三级以上）、重点高校、文化旅游重点区域以及开办客运业务的火车站（二等以上）、干线机场、重点道路等场所总数 / 上述场所总数
4	每万人拥有5G基站数	5G基站数与城市常住人口总数（单位：万人）的比例	12个/万人	5G基站数 / 城市常住人口数（单位：万人）
5	500Mbit/s及以上用户占比	城市地区500Mbit/s及以上宽带接入用户占所有固定宽带用户的比例	25%	城市地区500Mbit/s及以上宽带接入用户数 / 所有固定宽带用户总数
6	5G用户占比	城市地区5G用户占所有移动宽带用户的比例	25%	城市地区5G用户（按5G终端连接数计算）/ 所有移动宽带用户数
7	"双千兆"应用创新	千兆光网和5G协同部署，在教育、医疗、信息消费、城市公共管理、制造业、交通、能源（不限于）等垂直行业形成典型应用	不少于5个	各城市报送相关典型案例情况

备注：

1. 根据《通信行业统计报表制度》，城市地区是指行政区划属于中央直辖市、省辖市、地级市、县级市的市区、市郊区及县城区，以及分布在农村的县团级以上建制的独立工矿区、林区及驻军。

2.机场指正式启用的执行客用航空服务的民用机场；火车站（二等以上）指根据我国铁道部编《中华人民共和国铁路地图集》中对我国铁路等级划分，二等以上（包含二等）的火车站；城市旅游文化重点消费区域是指城市地区范围内认定的国家级和省级旅游区和相关文化消费场所。

名词解释

1. 千兆光网

以光纤为传输载体的高速固定通信网络，具备为单个用户提供 1000Mbit/s 接入带宽的能力。

2. 万兆无源光网络（10G-PON）

10G-PON 是指光纤链路传输速率能够达到 10Gbit/s 的无源光网络（Passive Optical Network, PON）。

3.50G-PON

50G-PON 是指光纤链路传输速率能够达到 50Gbit/s 的无源光网络。目前，50G-PON 技术方案与标准正在制定过程中。

4. 光线路终端（Optical Line Terminal，OLT）

无源光网络的局端设备，通过光分配网（ODN）与多个光网络单元（ONU）相连。

5. 光分配网（Optical Distribution Network，ODN）

ODN 是指位于 OLT 和 ONU 之间的光纤光缆、光分路器等无源光线路设施组成的网络。

6. 工业 PON

应用于工业企业的 PON 网络，结合工业场景业务特点，基于 PON 为工厂内设备联网以及生产数据的采集、传输等提供安全、可靠的有线连接。

7.5G（5th Generation）

第五代移动通信技术（5th generation mobile networks 或 5th

generation wireless systems），简称 5G 或 5G 技术。

8.5G Rel-17

是指 5G Release-17(R17)版本。5G 技术标准仍在演进和完善阶段，当前正在制定的第三版本标准为 Release-17，于 2022 年 6 月发布。

9.5G 独立组网（Standalone，SA）

5G 组网包括 NSA 和 SA 两种组网模式。SA 模式中，5G 基站与 5G 核心网络连接，5G 终端通过 5G 基站接入 5G 网络。

10. 毫米波（Millimeter Wave，mmW）

通常把 30 ~ 300GHz 频域（波长为 1 ~ 10 毫米）的电磁波称毫米波。3GPP 把 5G 频谱分为两个区域 FR1 和 FR2(FR，Frequency Range，频率范围)，其中 FR2 的频率范围是 24GHz 到 52GHz，也称为 5G 毫米波。

11.5G 承载网络

5G 承载网络是为 5G 无线接入网（RAN）和核心网（CN）之间提供网元物理连接组网和业务逻辑连接的网络。

12. 骨干传输网络

用于连接多个区域或地区的高速传输网络，实现高速率、大容量和远距离的传送功能。光传送网（OTN）、波分复用（WDM）是应用于骨干传输网的主要技术。

13. 数据中心互联（Data Center Interconnect，DCI）

满足数据中心之间的信息交互、虚拟机迁移、数据备份等需求的技术，根据传输距离需求可以采用专线、光传输系统等多种链路技术。

14. 三层虚拟专用网（Layer 3 Virtual Private Network，L3VPN）

基于 IP 协议的 VPN 模式，支持多个地理上彼此分离的 VPN 成员利用服务提供商的公共网络组成共享的虚拟专用网络。

15.IPv6+

IPv6+ 是在 IPv6 基础上的扩展，包括 IPv6 分段路由、网络切片、随流检测、新型组播和应用感知网络等协议，以及网络分析、自动调优、网络自愈等技术。

16.IPv6 分段路由（ Segment Routing over IPv6 Dataplane，SRv6）

SRv6 是基于源路由理念而设计的构建在 IPv6 网络上的分段路由技术。

17. 虚拟扩展局域网（Virtual eXtensible Local Area Network，VxLAN）

VxLAN 是一种网络虚拟化技术，采用 MAC in UDP 封装，通过三层网络延伸虚拟的二层网络，实现物理网络和虚拟网络解耦。

18. 多接入边缘计算（Multi-Access Edge Computing，MEC）

一种部署于网络边缘的计算基础设施形态，在网络边缘提供计算、存储、网络加速等处理能力。